生命の意味論

多田富雄

JN259090

講談社学術文庫

まえがき

前著『免疫の意味論』では、近年めざましく解明の進んだ「免疫」を通して、個体の生命の全体性について、少々立ち入った議論をした。そこに浮かび上がったのは、生物学的にみた「自己」というものの成り立ちであった。生命機械論的なメカニズムに支えられながらも、やがて機械を超えて生成してゆく高次のシステムとしての免疫系を、「自己」というものを自ら作り出してゆく「超(スーパー)システム」とみる立場を強調した。この考えは日本だけでなく、国外でもいささかの反響を呼んだ。

『免疫の意味論』が第二十回大佛次郎賞を受賞したとき、次の抱負はと聞かれて、前著の論点をさらに拡げた「生命の意味論」とでも呼ぶべきものを書いてみたいなどとつい口走ったため、この本を書く宿題が与えられてしまった。しかし、この二十年余りの生命科学における進歩はすさまじいとでもいうべきで、ちょっと専門を異にした者にとっては、成果の内容を理解することさえ難しくなっている。

そんな急速な流れの中で全体を眺め、問題となる事実をすくいあげ、さらにその意味を考えるなどというのは、ほとんど無謀に近いことだった。しかし幸い、私の勤務している東京理科大学生命科学研究所には、生命科学の第一線の研究者たちが集まっている。その人たちと討論しながら、また現代の生命科学における最先端の研究成果を眺めながら、生命現象の解明がいま人間に向かって何を語りかけているかを改めて考えてみようとしたのである。

この本はけっして系統的なものではないし、生命科学全般を見渡すほどの力が私にあるわけでもない。私自身が折りにふれすごいなと思い、ときには背筋が寒くなったような実験事実を、少し遠い眼で眺め、それを人間とその生命活動としての文化に投影してみようとしたのである。それぞれの章では、第一線の研究現場でのできごとが、「超(スーパー)システム」としての人間の理解にどう関わってくるかについて、多少なりとも立ち入った議論をしたつもりである。

実験事実の記載をするためには、多少専門的なディテールに言及せざるを得なかった。わかりにくい所は飛ばして読んでいただいてさしつかえない。また、どこから読み始めてもかまわない。雑誌の連載を底本にしたため、同じことを冗長に繰り返しているところもある。それもかえって重要部分の復習になるのでそのままにした。全体を通読していただくことで、いま生命科学がようやく対面しかけている、個体の生命、人間、そして人間の生命活動としての文化が共有しているルールのようなものが見えてくるならばありがたいと思っている。

私はこの本で、生命の持つあいまいさや多重性、しかしそれ故に成り立つ「超(スーパー)システム」の可能性について考えた。そこには「不気味さ」と「美しさ」が紙一重で同居している。私たちのよって立つところの身体が持つ、この「不気味さ」と「美しさ」の意味が本当に解明されるのはこれからのことである。

目次

生命の意味論

第一章　あいまいな私の成り立ち

私が私の形をしているわけ

話は第一次世界大戦後の一九二〇年代に遡る。

ドイツの生物学者ハンス・シュペーマンと女子学生のヒルデ・マンゴルドは次のような実験を行った。

イモリの胚が発生してゆく途上で、分裂した数百の細胞が、内腔を持った球状の形をとる時期がある。胞胚という。上と下の区別はあるが、イモリらしい形はまだ何ひとつできていない。

やがて球の一部が凹んでゆき、嚢状の形を作り始める。嚢の内側はやがては腸になる。

この最初の凹みを原口というが、本当は口ではなくて、やがては肛門に相当する部分になる。この原口の上唇の部分を切り取り、別の胚のちょうど反対の位置に移植するのである。

すると驚くべきことに、原口上唇の細胞を移植されたあたりから、第二のイモリの形が作り出され、お互いに顔をつき合わせた二匹のイモリが、お腹をくっつけたシャム双生児のように作り出されるのである。

移植された細胞から第二のイモリができたのかというと、そうではない。移植された原口上唇の細胞が周囲の細胞に働きかけて、もともとはイモリになるべからざる周囲の細胞をまき込んでもう一匹のイモリを作り出したのだ。

もう思い出された方が多いと思うが、高校の生物学の教科書には例外なく載っている有名なオルガナイザー（形成体と訳される）の実験である。このエポックメイキングな論文が、一九二四年に発表される直前、当時二十五歳だった女子学生マンゴルドは、ガスの引火による爆発で悲劇的な死をとげる。仕事は、夫のオットー・マンゴルドに引き継がれる。ハンス・シュペーマンは、この論文によって一九三五年にノーベル生理学医学賞を受けるのである。

この実験がなぜそれほど重大なのかというと、それ自身では何ものでもない受精卵から、イモリの個体という存在が発生してゆくとき、その形を作り出す中心となるオルガナイザーと名付けられる特殊な部分がまずできるということ。それが周りの何ものでもない細胞に働きかけて、何ものかを作り出してゆくということがわかったからである。

しかし、もっと重大なことは、発生のすべての過程がもともと受精卵のうちから決定されていると考えた当時の学説（前成説）に対して、発生過程は遺伝的にすべてが決定されているわけではなくて、ひとつの事件が始まると、次のプログラムが呼び覚まされてゆくという、後成的な誘導過程が含まれているという事実を示したことだったと思われる。

前成説というのは、卵子や精子の中にその動物のひな型が、はじめから存在していると考える学説で、顕微鏡で見つけられた精子の頭部に、赤子の形をした人間が入っている絵を思い出される方も多いだろう。さすがに今ではそういう形での前成説を信じる人はいないが、すべての生命現象、発生から死に至るすべて、人間の知能や運命までもが、受精卵中の遺伝子によって決定されていると考える人は少なくない。私はそれを「拡大された前成説」と呼びたい。これから点検するように、受精卵に含まれている遺伝子の総体、すなわち「ゲノム」は、個体の生命活動の設計図のすべてを含んでいるが、その設計が実現されてゆく過程には、環境からの働きかけや偶発的な事象、すなわち「後成的（エピジェネティック）」な現象が多く含まれるのである。

神の定めたプログラムのように整然と進行する個体の生命の発生。それが実は原口上唇のオルガナイザーと名付けられたものによって誘導される。その時期の他の細胞には、プログラムはまだ現れていない。しかも原口上唇の細胞そのものも、原口の凹みが作られる直前までは、何の決定権もないその他大勢の細胞のひとつに過ぎないのだ。それが、ある時突然個体の形という体制を決める原動体となる。

ほとんど神の意志の発現にも似たオルガナイザーとは、一体何ものか。

第二次世界大戦をはさんで、オルガナイザー探究の旅が始まる。その間の長い悪戦苦闘の歴史については、ここでは触れない。

ところが最近になって、この神秘的なオルガナイザーなるものが、物質として発見されたのである。

そのひとつは分子量二万五千ほどの小さなタンパク質が二つくっついたもので、アクチビンと呼ばれる分子であった。現在東京大学教養学部の教授をしている浅島誠らは、一九八九年に、アフリカツメガエルの上と下だけが決まった胞胚の、上の部分に位置する組織片を切り出して試験管内で培養し、これから紹介するアクチビンというタンパク質を微量加えて何が起こるかを観察し、アクチビンがオルガナイザーの働きを持つ物質であることをつきとめた。

何も加えないで培養すると、不整形の表皮のような細胞が生えてくるだけだが、アクチビンを極微量（一ミリリットル当たり百万分の一ミリグラム）加えてやると体腔のような膜に囲まれて血液の細胞に似た細胞が出現する。十万分の一ミリグラム入れてやると、筋肉の組織ができて、筋肉に二次的に誘導された神経の組織まで出てくる。さらに量を増やすと脊索という脊椎のもとになる構造ができ、一万分の一ミリグラムも加えると心臓の組織ができて搏動を始めるのである。こうした組織は、中胚葉性の組織と呼ばれ、いずれも重要な体内器官を作り出すのである。

もっとはっきりしているのは、試験管内ではなくて、胚に直接注射する実験である。浅島らは、アフリカツメガエルの嚢胚の腹側にアクチビン四百万分の一ミリグラムという超微量を注射した。すると、この部分から尾っぽのような構造が生え始め、やがて二本の尾を持ったアフリカツメガエルの幼生（オタマジャクシ）が発生した。アクチビンの影響で、この幼生では頭の発生が乱されて、眼玉のないオタマジャクシが生まれた（**図1**）。

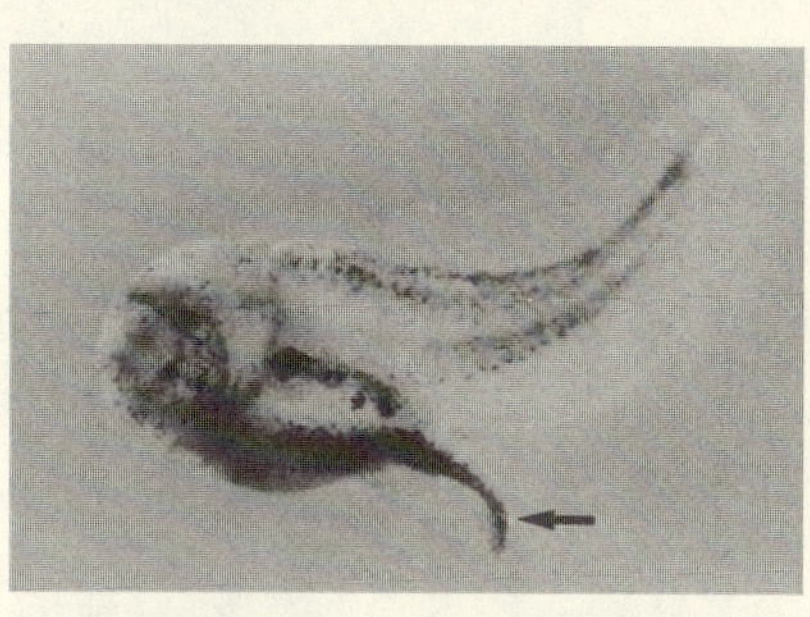

図1　400万分の1ミリグラムのアクチビンを注射されたアフリカツメガエルの幼生。注射した部位から二次胚が形成されて尾を2本持ったオタマジャクシが発生した。この動物では頭の発生も乱され、眼も作り出されなかった（浅島誠提供）。

こうして、神のプログラムを乱し、またそれを再誘導するオルガナイザーの、少なくともひとつの分子が発見されたのである。

驚きはそればかりではなかった。このアクチビンなる物質には、他にさまざまな働きがあることがわかったのである。

もともとアクチビンは、脳下垂体が作る濾胞（ろほう）成熟ホルモンの分泌を促す一種のホルモン様の分子として同定されていたものだった。アクチビン分子がもうひとつ別のタンパク質と結合すると、逆に濾胞成熟ホルモンの分泌を抑えるインヒビンというホルモン調節因子になる。アクチビンはまた、培養した神経細胞に加えるとその寿命を延ばすし、癌化した血液細胞（フレンド細胞）に加えると、癌細胞から赤血球を作り出させるような働きを持つこともわかっていた。

アクチビンを作る細胞も多種類あって、卵細胞や胚細胞のほかにも、発生とは無関係ないろいろな培養細胞や癌細胞などもアクチビンを作っていることがわかった。たとえば鮒のウキブクロの細胞もアクチビンを作る。アクチビンの化学構造を調べてみると、免疫反応や炎症反応に関与するサイトカインと呼ばれる一群の分子のうち、形質転換増殖因子（TGF–β）と呼ばれるグループに属することがわかった。アクチビンが結合する細胞上の受容体の構造や、作用の仕方などもTGF–βと同様であった。

サイトカインというのは、これから何度も出てくるので簡単に解説しておくことにする。サイトカインとは、基本的にはさまざまな細胞が作り出す生物活性を持つホルモン様の分子群の総称であり、インターフェロンとか、インターロイキンとか、成長因子とか、増殖因子などが含まれ、きわめて多様な働きを持った分子群である。

細胞は、刺激を受けると微量のさまざまなサイトカインを作り出す。サイトカインは近くの細胞に働いて、その細胞を増やしたり、運動性を高めたり、タンパク質の合成を促したり、別の細胞への分化を誘導したり、それを抑制したり、といったさまざまな変化を起こさせるのである。そればかりか、サイトカインは、自分を作り出した細胞にも働きかけて、その細胞を増やしたり変化させたりする。すなわちサイトカインは、いろいろな細胞の間で、相互調節をするための交信に用いられている情報分子なのである。

現在のところ、サイトカインに分類されている分子は三十種あまり。その中には、同じような働きを持っているサイトカインが何種類もある。また同一のサイトカインを、全く性質の異なった別の細胞が作り出すことも多い。ひとつのサイトカインが、相手次第でさまざまな異なった働きを発揮する。ある細胞に対しては分裂を起こさせるが、別の細胞にはタンパク質合成を促すというように、多彩な働きを持っている場合が多い。そのためサイトカインのキーワードとしては、冗長性、重複性、だらしなさ、多目的性、不確実性、曖昧性などあまり自然科学では用いられない言葉が当てられているのだ。

あとで、さまざまなサイトカインが形作る生体内ネットワークについても考えてみたいと思うが、ともあれ現代の医学生物学で最大のヒーローとなっているサイトカインとは、このような不確実性をはらんだ複数の分子群なのである。それが、なんと神のプログラムの如き、受精卵からの個体発生の過程を動かしていたのである。

アクチビンと同じような発生の誘導を起こす能力を持っている分子が、その後いくつも発見されたが、いずれも広い意味でのサイトカインであった。もともと骨の形成に関係する分子として発見された骨形成タンパク質（ＢＭＰ）という分子も、アクチビンと同じように中胚葉性の組織を誘導する力があることがわかった。この分子もTGF-β のファミリーに属し、こちらはアフリカツメガエルの背中の側に位置する中胚葉性の組織を誘導した。そのほか、肝臓の細胞を増殖させる因子であったHGFやこれから述べる線維芽細胞増殖因子（FGF）など、いずれもサイトカインに属するタンパク質が発生に関与していることがわかってきた。もともとそれらは、発生以外のさまざまな生体反応を起こす分子として同定されていたのである。

もうひとつの興味ある例をあげておこう。徳島大学工学部の野地澄晴教授らの実験である。

野地らは、体の結合組織のもととなる線維芽細胞を増殖させる働きを持つFGFと呼ばれる分子が、発生にどんな影響を与えるかを調べた。FGFもさまざまな細胞が作り出すタンパク質分子で広い意味でのサイトカインの仲間である。野地らは、人間の胃癌の細胞から取り出したFGFの遺伝子を入れこんだ線維芽細胞を、発生初期のニワトリの胚の腹部にあたる部分に移植した。

すると驚くなかれ、人間のFGFを作っている細胞を移植したニワトリの腹部にもう一本の完全な肢が生えてきたのである（図2）。翼に近い方に移植すると翼（上肢）様になり、脚に近い方では脚（下肢）様になるが、明確に余分な一本の肢が生ずるのである。野地らはこれを文字通りダソク（Dasoku）という名で報告した。同様な発見が英国でもなされ、肢という完全な身体の構造物が作り出される最初の誘因は、FGFという単一の分子でよいことがわかった。

ＦＧＦもまた七種類の分子のファミリーとして存在し、線維芽細胞を殖やすほかにも多様な働きを持つサイトカインに属する物質なのである。前述のアクチビンと同様の多機能分子である。

私たち人間は、体幹から腕が二本、脚が二本生えて、それでいわゆる五体満足ということになっているが、実はそれさえも完全に決定されているものではなく、発生の途上でサイトカイン様の物質の存在によって決定されていたのだ。ＦＧＦのようなサイトカイン類縁の分子が、一定の時、一定の場所で合成され、その濃度の違いが他のさまざまな環境因子と絡み合って、正しい方向性を持った四肢を作り出していたのである。

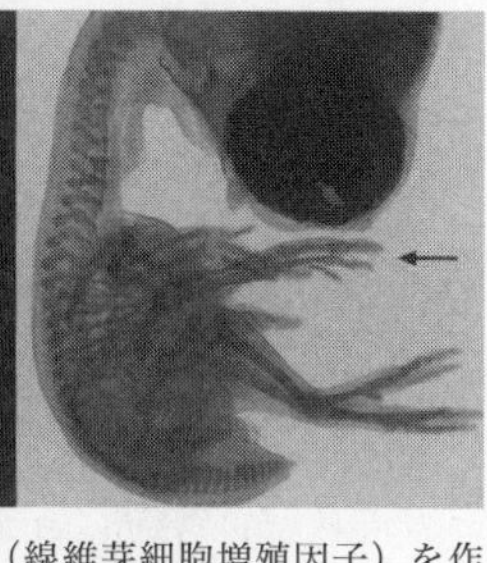

図２　人間のFGF（線維芽細胞増殖因子）を作っている線維芽細胞を移植されたニワトリの胚。余分な肢（Dasoku）が形成されていることがわかる（矢印）。右はその骨を染め出したもの（野地澄晴提供）。

発生過程における形の形成や、一定の場所に臓器組織を作り出すことなどを決めている遺伝情報は、どうやらばらばらにゲノムの中に書かれているらしく、アクチビンやＦＧＦなどの誘導因子は、それらの遺伝情報を引き出して発現させせる役割を持っているらしい。五体満足というのは、そうした情報処理が、時間的にも場所的にもたまたまうまくいっているからに過ぎない。

では、どうしてそれが破綻なく神のプログラムのように進むことができたのだろうか。それを理解するためにもうひとつの実験を眺めておこう。

スイスのバーゼル大学のウォルター・ゲーリング教授のグループは、次のようなショッキングな実験を行った。ショウジョウバエという昆虫は、遺伝の実験でよく使われる。ショウジョウバエでは突然変異が起こると眼が作られなくなってしまうアイレス（無眼）という遺伝子が知られていた。彼らはこの遺伝子を、ショウジョウバエのいろいろな部位で発現させた。すると、脚の先や触角の上などいろいろな所に眼ができてくることを発見した。多い場合には十個もの眼があるハエの写真が発表され、人々の度肝を抜いた（図3）。

ゲーリングらは、ショウジョウバエのアイレス遺伝子とよく似た遺伝子が二十日ネズミにもあって、その突然変異ではネズミの眼の発達が障害されてしまうためスモール・アイ（小眼）という名で呼ばれていることに気づいた。そこで彼らは、ショウジョウバエのアイレス遺伝子の代りに、二十日ネズミのスモール・アイ遺伝子をショウジョウバエに入れ込んで発現させた。驚くなかれネズミの遺伝子が働いた場所には、余分なショウジョウバエの眼が作り出されたのである。

ハエの眼はいうまでもなく複眼で、数百個に及ぶ別々のレンズを持った個眼が集合してで

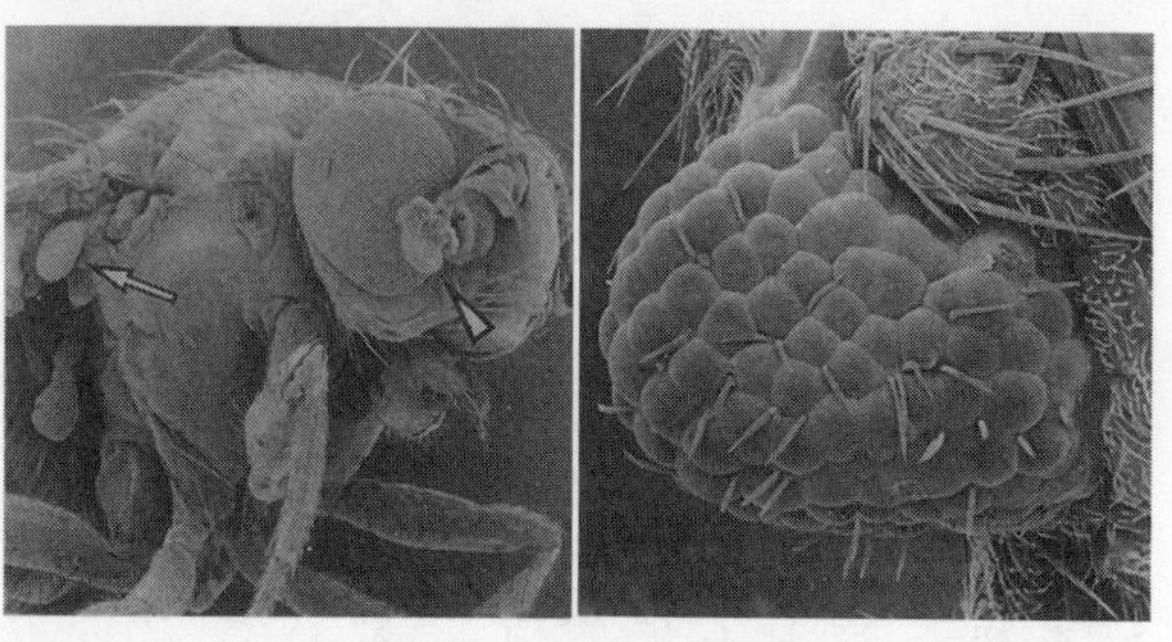

図３　ショウジョウバエの*Pax-6*遺伝子を発現させて生じた余分な２つの眼。翅のつけ根（矢印）と触覚（三角）の部分に小さな複眼が生じている。ネズミのスモール・アイ遺伝子でもショウジョウバエの完全な複眼が作り出される（右）（*Science* 267: 1788, 1995より）。

きたものである。一方入れ込んだ遺伝子はネズミの遺伝子である。ネズミは人間と同じように単眼で、レンズと硝子体を通して、入ってきた光の像を網膜の上に結ばせ、それを視神経が感知する。構造は全く違う。にもかかわらずネズミの遺伝子が、ハエの複眼を余分に作り出したのである。脊椎動物と昆虫の祖先は、五億年以上前に分かれたことになっているので、ネズミとハエは動物界で最も遠い親戚とされている。そのネズミの遺伝子が働いて、ハエの複眼を作ったのである。

ネズミのスモール・アイによく似た遺伝子がショウジョウバエのアイレス遺伝子である。もともとはこちらの方が先に発見され、アイレス遺伝子は、構造上の特徴から*Pax-6*という名で呼ばれていた。それとよく似た構造を持った遺伝子があって、その異常がネズミの小眼症をきたすスモール・アイ遺伝子だったのである。同じような遺伝子は人間にもあって、それが変異を起こすと人間でも眼の発達が侵される。驚くべきことに、*Pax*–6遺伝子は、眼という臓器を持っていない貝類や、非常に原始的な光受容細胞しか持っていないプラナリアという扁形動物でも見つかっている。こうした種々の動物が分かれる前から存在していた非常に原始的な遺伝子のひとつらしい。

このPax–6遺伝子が、それ自身で眼の構成成分の全部を作り出すわけではない。眼が作り出される時期に細胞の中で*Pax*–6遺伝子のタンパク質が合成されて、特定の遺伝子の近傍に結合してその遺伝子のスイッチを押して働き出させる。眼で発現している遺伝子は数百個もあると考えられている。その一連の遺伝子が働き出す最初のスイッチを押すのが*Pax*–6遺伝子だったのである。*Pax*–6遺伝子のタンパク質が結合すると、次々に新しい遺伝子が段階的に働き出して、レンズを作ったり、網膜の色素を作ったり、光反応物質を作ったりして、哺乳動物ではカメラ眼が、昆虫では複眼が作り出されるのである。*Pax*–6のような遺伝子を、まとまった構造のすべてを作り出す大もとの遺伝子という意味でマスター遺伝子と呼ぶ。

ちょうどドミノゲームで最初の札を倒すと、次々に複雑に並べられた札が倒れていって、ついには眼などの図形が現れるようなものである。最初のドミノの札は、人間でも二十日ネズミでもショウジョウバエでも同じだが、その下流の札が違うために単眼や複眼が生じるのである。

すでにこれまでに、多くのマスター遺伝子がショウジョウバエで見つかっている。ハエの体節の構造を決めているホメオティック遺伝子というのはその代表である。その中にはハエの中胸節を重複させて、トンボのように二対の翅を生やすものや、触角が生えるべきところに脚を生やしてしまうものなど数多い。偶数番の体節や、奇数番の体節に異常を現すものもある。いずれも*Pax-6*遺伝子と同じように、遺伝子近傍のＤＮＡに結合するタンパク質を作り、その部位全体の形作りのスイッチを押す。

ショウジョウバエで発見されたホメオティック遺伝子は、哺乳動物でも少々違った形ではあるが存在している。背骨や手足に代表される体の分節構造や、脳神経系の部位決定などに働いていることがわかってきた。

こうしたマスター遺伝子は、ショウジョウバエでは主として一本の染色体の上に並んでいるが、哺乳動物では異なった染色体上に配置されている。私たちが、こういう形をしているわけは、こうしたマスター遺伝子が、ホルモンやサイトカイン様物質の作用で部位特異的に順序正しく働き出し、再びサイトカイン様物質に媒介されながら、いくつもの段階の異なったドミノの札を次々に倒してゆくことによる。こうして作り出された臓器組織は、循環系を介してつながりあい組織化されて、ひとつの個体が形成されてゆくのである。

そこにはこれまで見てきたように、簡単なやり方で変更可能なプロセスがあり、さまざまな偶然が入り込む余地も残されている。サイトカイン様物質の局所的濃度などは、もともと正確に遺伝的に決定されているわけではないし、多数の遺伝子がカスケード的に活性化されてゆく過程も、確実性が常に保証されているわけではない。それは、ドミノゲームが複雑になればなるほど成功しにくいことからもわかるだろう。

それでも私たちは、腕が二本、脚が二本、眼が二つで、少なくとも人間の形をしている。内臓諸器官も解剖学の教科書通り作り出されていて、複雑に絡み合いながら正確に働いている。その理由は、ともかくばらばらに書かれていた遺伝情報がドミノ倒し的にかろうじてうまくつながりあって自己生成してきたからである。毎回うまくゆくという保証はない。ゲノムが同一であるはずの一卵性双生児でも完全な同一性が成立しないのもこのような自己生成の過程で偶発的なものが入り込む余地があるからである。

しかし、こうした偶然性を持っているからこそ、生命の個別性、そして個体の不可分性（インディヴィジュアリティ）が成り立っているのである。私が超（スーパー）システムとして発生の過程を考えたのは、このためである。

ここまで我慢して読んで下さった読者は、受精卵から赤ちゃんが発生してゆくといったまさに神のプログラムの中で働いていたものが、実は条件次第では他のさまざまな働き、たとえばホルモン分泌の調節とか、他の細胞の増殖や分化などに関与している、曖昧かつ不確実な分子であったことに不気味な思いをされたのではないだろうか。

個体の形を作り出す過程は、言うまでもなく遺伝的に決定されている。だから人間からは人間が生まれるので、サルやニワトリは生まれてこない。しかしその過程は、きっちりとすべてがブループリントで決まっているわけではないらしい。まず個体形成の大もととなる細胞群が現れ、それが周囲の細胞に働きかけてそれを変化させ、その結果として次のプログラムが呼びさまされてゆく。それが順序正しく起こっているものだから、全部が初めから決定されているように見えただけなのである。

すなわち、動物がその形を作り出す過程には、造物主である遺伝子ＤＮＡにばらばらに書き込まれている情報を次々にひき出しながら、自分で自分を作り出すプロセスが含まれているのだ。まだ何ものでもない細胞が情報を作り出すと、周辺の細胞はそれをキャッチし、それを何ものかに変える。さらに他の細胞と情報を交換しながら、次々に必要な遺伝子を発現させ、組織化してゆくプロセスである。それこそ、受精卵という何ものでもないものから、個体という存在が作り出される過程なのである。そこには、遺伝的な決定のほかに、重力とか温度とか、外界の化学物質の濃度、細胞の密着度などの偶然の要素が入り込む。遺伝子が完全に同一である一卵性双生児でもかなりの外見上の差が認められるのは、そういう偶然が働いたためである。

ここで述べた「誘導」という過程は、初期胚の発生ばかりでなく、そのあとで起こる脳の発生、脳下垂体や眼のレンズの発生、血球の発生、消化管の部位の決定などでも証明されている。個体という「自己」を持った全体の形成は、こうした誘導が有機的に積み重なった結果なのである。別に設計図と照らし合わせて、うまく行ったかどうかをモニターするような上位の中枢があるわけではない。

カエルやイモリのような両棲類と人間のような哺乳類では、厳格にいうと違うところが沢山あるが、このような初期発生で起こっていることは基本的には同じである。人間では受精卵が分裂を始めて、十六個ていどの同じような形の細胞からなる桑の実のような形になるまで、どの細胞が何になるかは決まっていない。つまりこの時期まで受精卵は、同じような細胞を分裂しながら作り続けただけなのだ。

したがってこの時期までに、胚を二つにわけると一卵性双生児ができるはずである。そればかりか、理論的には細胞の数ほどのクローン人間を作り出すことさえ可能なはずである。

未決定のものから運命を作り出すのは、その後の偶発事件である。人間の場合は、細胞の塊の中にすき間ができて内腔を持つようになる。偶然内側に位置することになった細胞から胎児が形成されるが、外側の細胞の大部分は胎盤になってしまう。内部の細胞塊では、周囲の環境からの誘導によって特定の遺伝子が発現し、それをもとに次々に決定が進行して胎児のもととなる胎芽が作り出されるのだ。その過程では原因が結果を作り、その結果が次の原因となって発生は進む。それを進めるのに関わっているものが、広い意味でサイトカインに属する不確実な分子だったのだ。

私が私の形をしているのは、こうした事件が系統的に積み重なって、何ものでもない受精卵から、すべての体制と個別性を備えた個体が作り出されたからである。私というものは、初めから決まってはいなかった。細胞間の段階的な情報交換の結果、なんとかうまく生成することができた危うい存在だったのである。

免疫の「自己」の作られかた

私は動物の個体が発生してゆく過程の中でも、ことに後成的な部分のみを強調してきたが、ここでもうひとつの無から有の発生モデルを検証しておきたい。それは、動物の個体が、「自己」と「非自己」を識別して「自己」の全一性を護る機構、すなわち、免疫系の発生の仕方である。それを見ておかないと、これから考えてゆく「超（スーパー）システム」という概念に近づくことができないので、もうしばらくこの議論にお付き合い頂きたい。

免疫系は、個体の中にはりめぐらされた防衛網である。細菌やウイルスなどの病気を起こす微生物、花粉やダニなどの異物、自分の内に発生した癌細胞や変異細胞、さらには輸血された型の違う血球や移植された臓器など、あらゆる「自己」ならざるものが侵入してきた場合に、それらを「非自己」として排除する。その働きはきわめて鋭敏で不寛容に見える。

免疫の働きを担うのは、リンパ球や白血球など何種類かの細胞とその生産物である。リンパ球には、これから述べるように、T細胞、B細胞、NK細胞などと呼ばれる働きのちがう細胞がある。

B細胞というのは、抗体というタンパク質を合成して分泌する細胞である。T細胞には免疫反応を亢進させるヘルパーT細胞とか、異物細胞に直接とりついてそれを殺すキラーT細胞とか、免疫反応を抑制するサプレッサーT細胞などが含まれる。T細胞もB細胞も、計算上は億単位の異物のそれぞれを見分けるための、アンテナのような構造、「受容体（レセプター）」を持っている。NKというのはナチュラルキラーの略で、T細胞でもB細胞でもないが、異物細胞を見つけ出して殺す働きがある細胞で、ウイルスに対する自然の抵抗性や癌の免疫などに関係している。

このほかにも免疫系にはマクロファージと呼ばれる白血球の一種が含まれている。いろいろなタイプのマクロファージがあって、異物を食べて消化したり、その断片を細胞の表面にくっつけて、T細胞に「認識」させるなど重要な働きを持った細胞である。血液中の白血球も、広い意味での免疫に関与している。免疫というのは、こうしたさまざまな細胞が協力しあって、大がかりな「非自己」排除作戦を営む、「自己」の反応体系なのである。

そうした多様な細胞が、さまざまな外界の情報を認識し、状況に応じて反応を起こす。まるで脳の機能にも匹敵する高次の情報処理システムだが、脳神経系が神経線維でつながれてまとまった臓器を形作っているのとは違って、免疫細胞は血液中をばらばらに流れている浮遊細胞である。細胞間の情報交換に使われるのは、さっき述べたサイトカインなのである。脳神経系の細胞が、生後は分裂することがないのと違って、免疫細胞の方は、寿命がくると死に、次々に補充される。それにもかかわらず、免疫系は「自己」の反応様式を一生にわたって維持する。

どのようにして免疫系の「自己」が形成され、維持されるかについてはいずれゆっくりと検証するが、ここではこうした多様な細胞群がどのようにして作り出されるかを眺めてみることにする。

T細胞、B細胞、マクロファージなど、機能の異なる細胞群のすべては、実は造血幹細胞という、たった一種類の細胞に由来するのである。幹細胞というのは、いろいろな細胞に変化（分化）してゆくポテンシャルを持った原始的な細胞である。造血幹細胞というのは、血液中のあらゆる細胞、赤血球、白血球、マクロファージ、血小板など、さらに免疫反応に関係するB細胞、T細胞、NK細胞など、すべての血液系免疫系細胞の大もととなる祖先細胞なのである。

私たちの体では、一日に三千億個あまりの血液細胞が死に、その数だけ新生し補給されている。赤血球だけでも二千億個、白血球が七百億個、リンパ球が百億個以上である。一秒に三百五十万個の細胞が死んで、また生まれている計算になる。

気の遠くなるような数の細胞の損失は、同じ数の細胞の新生によって補われる。生体内では、このような生と死がバランスよく共存している。おびただしい死を補償しているのは、造血幹細胞からの赤血球、白血球、リンパ球などへの分化と、それらの細胞の増殖による再生なのである。

造血幹細胞は、ふだんは私たちの骨髄の中で眠っている細胞である。造血幹細胞の数は、計測のしかたで多少違うが、骨髄細胞数万個に一個の割合で存在すると考えられている。二十日ネズミに大量の放射線をあびせると動物は間もなく死んでしまう。免疫血液系の細胞が破壊されたためである。

その動物に、造血幹細胞をたった三十個注射するだけで、赤血球も白血球も免疫細胞も、長期にわたって完全に回復する。人間の場合は約五十万個の幹細胞を注射すれば、すべての細胞がもとに戻るとされている。五十万個というのは、注射された細胞のごく一部だけが骨髄にたどり着くことができるからで、実質的にはその百分の一程度の細胞からすべての免疫血液細胞が作り出されている計算である。これが、チェルノブイリ原発事故や白血病の治療でも使われた、骨髄移植という医療の原理である。

さて、造血幹細胞が、どのようにして免疫血液細胞のすべてを作り出すかを眺めてみよう。幹細胞は、通常は分裂を休止した眠っている細胞であるが、時折目覚めては分裂を開始し、自分と同じ幹細胞を作り出している。数週間に一回分裂するといわれている。この段階の幹細胞は、自己複製以外には何の働きも持っていない、つまり何ものでもない細胞なのである。それが適当な刺激と条件が与えられると、さまざまな免疫血液細胞の先祖細胞、つまり赤血球になるもとの細胞とか、リンパ球になるもとの細胞とか、血小板になるもとの細胞とか、さまざまな免疫血液系の細胞に変化してゆくのである。

何がそういう変化を引き出すかというと、それが偶然としかいいようがないのだ。細胞がおかれていた環境、そしてさっき述べたサイトカインがあるかないか、あとは全くの確率論的とでもいうべきチャンスによる。たとえば、骨髄の中にいる幹細胞に、ひとつのサイトカインが働くと分裂が始まる。分裂した幹細胞の片割れは、赤血球に向かって分化を始める。他の片割れは白血球になってしまう。同じ幹細胞に別のサイトカインが働くと、今度はB細胞に変化してゆくといったように、偶然をもとにして運命が作り出されるのだ。

幹細胞のひとつが、たまたま「胸腺」という臓器に流れ着く。そこで、あるサイトカインが働くと、T細胞になる方向に分化する運命付けが決まる。しかし、胸腺以外のところで同じサイトカインが働くと、B細胞になってしまう。

条件次第で幹細胞は、こうして変幻自在にさまざまな血液細胞や免疫細胞に変化してゆくのだ。ある程度運命付けが行われた細胞に別のサイトカインが働くと、その運命付けは決定的になり、最終的には赤血球とか血小板とか、疑いようもない最終段階の細胞が作り出される。しかし、その前に別のサイトカインが働くと、運命を変えて別の細胞に変化してゆくこともできる。

こうしてみてくると、造血幹細胞から多様な血液細胞ができてくるプロセスと、受精卵からさまざまな組織ができてくる発生の過程には共通性が認められる。図4はそれを比較したものである。いずれも、それ自身は何ものでもない単一の細胞から、実体を持った多様な細胞で構成される生命のシステムが現れてくる過程である。そしてそこには、免疫における「自己」とか、発生における「個体」とか、まぎれもない生命の存在様式が形成されてゆくのだ。それを「無」から「有」を作り出す過程といったら言い過ぎかもしれないが、少なくとも、自分で自分を作り出す過程、すなわち自己生成の過程を見ることはできるだろう。

私がこの本で点検しようとしている生命の存在様式、「超（スーパー）システム」は、まずこのようにして、あらゆる可能性を秘めた何ものでもないものから、完結したすべてを備えた存在を生成してゆくシステムである。その多くの部分は、遺伝情報を担うＤＮＡの決定に頼っているが、そうでない部分もある。遺伝情報はばらばらに書き込まれており、その読みとり方、実行の仕方にはかなりの自由度と偶然が入り込む。生命システムの生成は偶然と確率を伴っている。そこに、ＤＮＡの決定から離れた、「超（スーパー）システム」としての生命の形が見えてくると私は考えている。

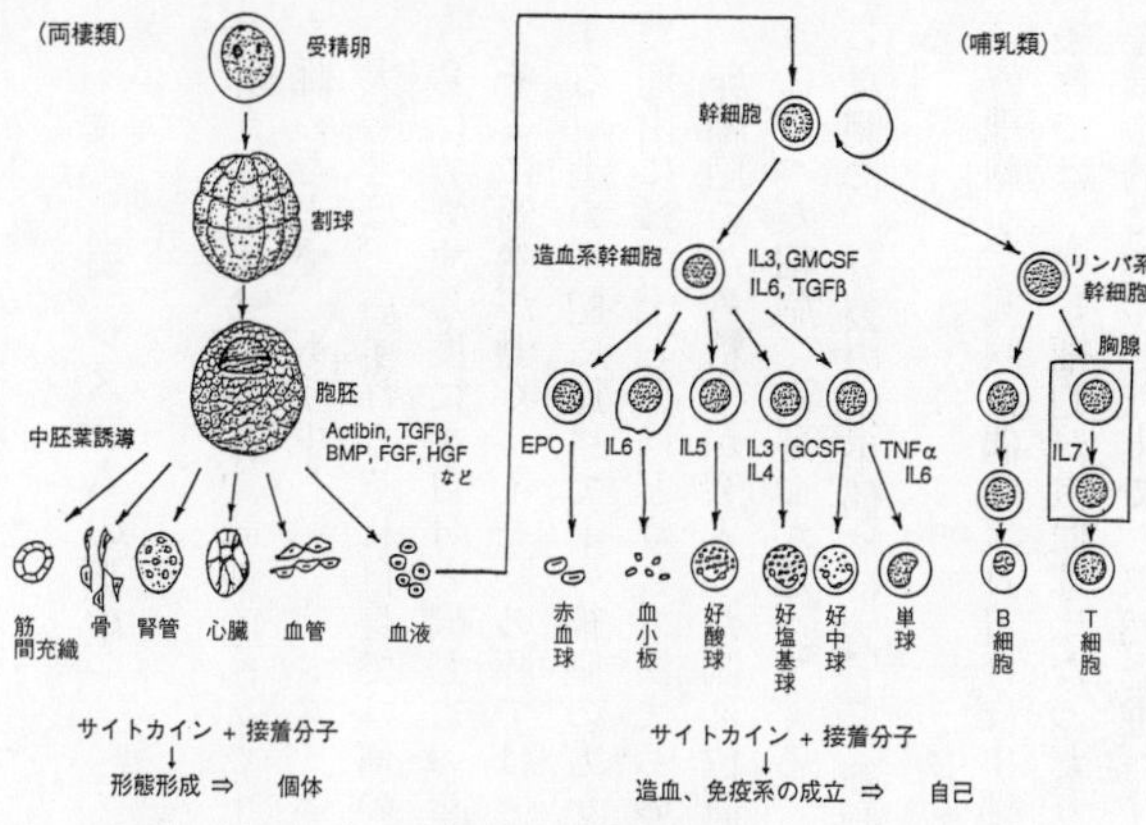
（両棲類）
受精卵
割球
胞胚
中胚葉誘導
Actibin, TGFβ,
BMP, FGF, HGF
など
筋
間充織
骨
腎管
心臓
血管
血液
サイトカイン + 接着分子
形態形成 ⇒ 個体
（哺乳類）
幹細胞
造血系幹細胞
IL3, GMCSF
IL6, TGFβ
リンパ系
幹細胞
胸腺
EPO
IL6
IL5
IL3
IL4
GCSF
TNFα
IL6
IL7
赤血球
血小板
好酸球
好塩基球
好中球
単球
B細胞
T細胞
サイトカイン + 接着分子
造血、免疫系の成立 ⇒ 自己

図４　個体の発生と免疫造血系の成立の類似性。左はアフリカツメガエルが受精卵から発生し、筋肉や骨、腎臓、心臓、血管、血液細胞などが作り出され、個体の形ができる過程の一部を示す。右は血液の先祖細胞の幹細胞から、赤血球、白血球、単球（マクロファージ）、さまざまな免疫系細胞などが作り出される過程を図示した。両方とも単一の先祖細胞の自己複製に始まり、そこにサイトカインが働いて多様な細胞への運命づけが行われる。作り出された細胞は、接着分子などを介して機能的につながり合って、一方では「個体」を、一方では個体の「自己」の体制を作り出す。脳神経系も同じような過程で作り出される（第十章）。いずれも「超（スーパー）システム」の好例である（本文参照）。

超（スーパー）システムの誕生

卵から発生する個体、幹細胞から発生した免疫造血系の「自己」。その成り立ちと、動きを眺めた上で、もう少し「超（スーパー）システム」について考えてみよう。

大もとは、いずれもそれ自身では何の働きも持たない一個の細胞に過ぎなかった。初めのうちは分裂する度に、自分と同じものを作る。すなわち複製だけをやっている。

そこに偶然が働く。イモリの胚では、重力の関係で上と下が決まって、細胞の不揃いが生ずる。上の細胞に比べて下の細胞の方が大きい。無重力の宇宙船でイモリの発生の実験をした理由には、上と下はどうして決まるのかという問題も含まれていた。

卵細胞のころ精子が突入した側に位置するようになった細胞と、その反対側に位置するようになった細胞でも運命が違ってくる。厄介な議論は抜きにするが、カエルでは精子が突入した側に、分裂の結果偶然位置した細胞が、一般には腹側を作り出し、逆の方が背中になる。

幹細胞が、胸腺に偶然流れ着けばT細胞という免疫細胞になることはさっき述べた。別の条件では、同じ細胞が白血球になったり血小板になったりする。発生には、このように偶然を積極的に利用した上で、整然と進行する部分があるのだ。

胚では、上下と前後が決まるころから、それぞれの細胞に運命付けが行われる。細胞は自分のおかれた位置の情報を知り、それにサイトカインなどの誘導の情報が与えられて、多様な細胞に変化してゆく。これを「自己多様化」と呼びたい。自己多様化（self diversification）には、このような機能的に異なる細胞群への分化を中心とした第一段階の自己多様化と、あとで述べる免疫系や脳神経系にみられるような、ひとつの細胞群の中で多様な分子や結合を作り出す第二段階の自己多様化を起こすものとがある。

多様な細胞は、お互いに疎外したりくっつき合ったり、異なったサイトカインを使って交信して、心臓や腎臓、肝臓などの臓器を作り上げてゆく。それは、「自己組織化」と呼んでよいだろう。

一般には、すでに形成されている構造にうまく適応するように、あとから発生した細胞が付加されてゆく。T細胞などでは、第七章で述べるように、すでに存在している胸腺の上皮細胞が持っている組織適合遺伝子の産物（ＭＨＣという。人間ではＨＬＡ抗原である）に対して、適応できた細胞だけが生き残り、適応できなかった細胞は容赦なく殺されてしまう。これを「自己適応」と呼ぶことにする。

こうしてだんだんとでき上がってゆく個体や「自己」は、したがって、適応の上に適応を重ねてゆくわけだから、当然充足した閉鎖構造を作るはずである。ところが、個体も免疫系も、常に外界に開かれ、外部からの情報をキャッチしながら、その刺激に応じて自分を変えてゆく。このやり方を「閉鎖性と開放性」と呼びたい。

開放性をもとにして内部の自己変革を続けてゆくためには、必ずそれまで存在していた「自己」に照合しながら、したがってそれまでの「自己」のやり方を大幅に変更しないように改革してゆくのが原則である。それを「自己言及」と呼ぼう。発生も、免疫系の反応も、基本的にはすでに存在していた自分の行動様式に言及しながら、したがって既存の「自己」を破壊することなく、その行動様式の延長の上で進行してゆくのだ。

その結果どうなるかについては、もともと完全に決定されているわけではない。それぞれの個体の「自己」のゆくえ、たとえばどのように老化してゆくかとか、どんな病気にかかるかなどは、個体自身が状況に応じて自己決定してゆくのである。

いうまでもなく、そこには遺伝的な決定もある。現代医学は、その決定論的な部分だけを強調してきた。特定の遺伝子を持っていると、何歳でどんな病気になるかということを、出生前からでさえ予知できるという。

たしかにそういう病気もあるが、実際にはそうでない病気も多いのである。特に免疫が関与しているような病気では、一卵性双生児で二人とも同じ病気に、それも遺伝的な影響の濃い病気にかかるとは限らない。

こうして私たちは、生命、ことに人間を含む高等脊椎動物の生命の、いままで注意されなかったもうひとつの面に気付かされるのである。ＤＮＡの決定から離れた自己生成系として生命を見るという観点。そのひとつは、あとで点検するように脳の回路形成である。そこから、人間そのもの、あるいは人間の作り出した文明に何が見えてくるか、というのがこの本の主題である。

超（スーパー）システムとしての生命は、これまで述べてきたようにいくつかのきわだった基本的な性格を持っている。キーワードだけ列挙すると、「自己生成」「自己多様化」「自己組織化」「自己適応」「閉鎖性と開放性」「自己言及」「自己決定」などである。

システムという単語を広辞苑で引くと、「複数の要素が有機的に関係しあい、全体としてまとまった機能を発揮している要素の集合体」という定義が出てくる。超（スーパー）システムは、しかし、要素そのものを自ずから作り出し、システム自体を自分で生成してゆくシステムである。要素も関係も初めから存在していたわけではない。

多様な要素を作り出した上で、その関係まで創出する。作り出された関係は、次の要素を生み出し、それを組織化してゆく。組織化されたものは、そこで固定した閉鎖構造を作り出すのではなくて、外界からの情報に向かって開かれ、それに反応してゆく。反応することによって自己言及的にシステムを拡大してゆく。その全プロセスは、DNAのブループリントとしてあらかじめ予定されているわけではないのだ。結果として何が生ずるかは予知できない。

超（スーパー）システムが、システムの内部および外部からの情報に応じて、システムの運命を決定してゆくならば、最終的には矛盾が生じて自己崩壊が起こるかもしれない。ある種の病気や老化などは、その現れとみることもできよう。個体の「死」もまた、超（スーパー）システムの不可逆的、絶対的な崩壊とみることもできよう。それが、個々の細胞や器官の死を超えた、個体全体の死を定義することにもなると思われる。

超（スーパー）システムには、もうひとつ興味ある属性がある。

システムというのは、ことに人工的なシステムの場合は、特定の目的を持って構成されるというのが条件である。その目的を、いかに合理的かつ能率的に達成できるかというのが、システムの構成原理である。システム工学という学問は、この原理を研究対象としている。ところが、超（スーパー）システムに目的があるかというと、ないのではないかと私は考えている。

発生も免疫も、個体の生命の成立と維持にはなくてはならない現象である。それでは、発生の機構が神の如き整合性を持つにいたった目的は何か。免疫系や脳神経系の発達には何か目的があったのか。

単純に考えれば、種の維持とか個体の生存とかを目的と考えてもよいのかもしれない。しかし、ＤＮＡの総体であるゲノムで決定される種や、種の保存の実働体である個体の生命の維持という目的のためには、こんなに複雑で冗長なシステムを作り出す必要があっただろうか。昆虫でも軟体動物でも、その程度の目的ならばもっと単純な形で達成している。はるかに単純な構造で、種や個体を有効に維持している。

散在した神経節ばかりで、脳のようなまとまった構造を持たないクラゲのような動物や、数十万個ぐらいの神経細胞で動いているハエなども、きわめて美しい、そして生存をおびやかす危機からいちはやく逃れる運動能力を持っている。免疫系など持たないシジミやうじ虫も、微生物で汚れた環境にいるにもかかわらず体の中はほとんど無菌で、生体防御に成功している。脳や免疫がここまで発達しなければならぬ理由はなかった。むしろ超（スーパー）システムとして発達してしまったために、精神病や自己免疫疾患などさまざまな矛盾を内包するようになったということもできるだろう。

超（スーパー）システムは、直接の目的を持たないシステムとして発達してきた。システム自体が自己目的化しているシステム。超（スーパー）システムは、超（スーパー）システム自身の内部的な目的で、新たな要素を追加し、複雑化させながら進化してきた。

現存する超（スーパー）システムの最右翼にいるのが脳神経系であろう。脳神経系は、意識の上での「自己」を持つ最も複雑な超（スーパー）システムである。基本的な構造は遺伝的に決定されているが、脳の「自己」の多くの部分は後成的に、外界の情報や、自分の身体の特徴を認識することによって生成してきたものである。その脳の発達には目的があっただろうか。むしろ、脳は脳自身のために進化してきたと考えるのが妥当ではないか。

免疫もまた、伝染病から体を守り、「非自己」の侵入を排除して「自己」の全体性を決定する。しかし、免疫が病いから身を守るために発達したとのみ考えるのは皮相であろう。免疫系がこのように進化したのは、免疫系が自己目的的に発達し、それが伝染病などによって選択を受けた結果に過ぎない。

超(スーパー)システムのこうした属性は、多様な細胞や器官の上に統合されている脊椎動物などの生命を考える上でまず重要だが、一方では、言語、都市、経済活動、国家、民族などの属性でもあることに気付く。実際、人間の文化活動自体を超(スーパー)システムと考えることもできるように思われる。

では、こうした人間の作り出した文化現象は生命を持っているのだろうか。

私は敢えて持っているといいたい。言語も都市も国家も、高次の生命活動であると私は思う。これからの章で、私は現代の生命科学で発見されたさまざまな現象を眺めながら、超(スーパー)システムとしての人間と、それが作り出した文化現象について考えてみたいと思う。その上で、ひるがえって超(スーパー)システムを支える生物学的「自己」という概念を再点検し、それを成立させた原理を探ってみたいのである。

第二章　思想としてのDNA

造物主DNA

二十世紀最大の科学的発見といえば、量子力学、相対性原理、DNAの二重らせん構造ということに異論はないだろう。いずれも科学における基本概念を覆す大事件であったと同時に、科学思想としても、世界観を変革し人間存在に対する見解を変えたという点で共通の重さを持っている。

ことにDNAは、人間そのものがDNA暗号の翻訳によって存在しているわけだから、思想的、哲学的インパクトも大きいはずである。

それでは、DNAは思想として何を語りかけているのだろうか。しばしば誤解され、暗い影を背負っているDNAが、いまどのような問題を提起しているかについて、意味論的に考えてみたい。

一九五三年に発表された、ジェームス・ワトソンとフランシス・クリックによるDNAの二重らせん構造モデルは、その後三十年ほどの間に生命に対する考えを一変させた。

まず、ウイルス、細菌、植物、昆虫、人間を含む動物などあらゆる生き物は、ＤＮＡあるいはその変形であるＲＮＡを、生命の基本的設計図、すなわち遺伝子として持っていること、そして生物というものに共通な増えるという属性、すなわち自己複製能力が、ＤＮＡの二重らせん構造を通して見事に説明できるということがわかった。

しかも、ＤＮＡの二重らせん構造の構成成分は、ヒトでも大腸菌でもミミズでもエノコロ草でも同じだから、その点では人間という存在を特殊化することはできない。事実、その後の技術の発展によって、人間の遺伝子を動物に入れて働かせたり、人間の遺伝子の産物を大腸菌に作らせたりすることは容易になったのである。

一方、人間の子供は人間であり、蛙の子は蛙という種の個別性も、ＤＮＡの構造の中に書き込まれている。蛙の存在、人間の存在は、ＤＮＡによって決定されたものである。だから、ＤＮＡの暗号を比較することによって、生物の進化、種と種の間の関係、さらにはその存在意義までを理解できるかも知れない。

それぞれの生物の持っている特性、肢を六本持っているとか、二本足で歩くとか、毛が生えているとか、毒を持っているとか、そうしたさまざまな性質もＤＮＡによって決められている。本能も、敵意も、友情も、ＤＮＡの構造の現れである。そして、人間を取りまく多様な動植物が織りなす生物環境も、基本的にはＤＮＡ構造の多様性で説明されるのである。

こうして、今世紀初めに神が失墜した後、代わって現れた最も重大な思想は、「造物主ＤＮＡ」という思想だったのではないかと私は思う。

造物主ＤＮＡによって作り出された被造物（クリーチャー）としての生物は、ＤＮＡによってあらかじめ規定されている行動、すなわち生命活動を起こす。これが第一章で述べた「拡大された前成説」ＤＮＡ決定論であり、いわば最初のＤＮＡの思想であった。

ＤＮＡの本性の第一は、まず自分と同じものを作り出す複製という働き、それによってＤＮＡは次々にコピーされ、被造物としての生命体は増えてゆく。次に、ＤＮＡは、プログラムされたタンパク質を作り出すことを指令し、タンパク質の多様な働きで細胞や細胞集団などのメカニックな構成と働きが決定される。

造物主ＤＮＡは、ＤＮＡ自身の行動を規定するルールまで持っていて、そのルールに従って自分のタンパク質合成を時間的に変化させ、発生や生長、老化、調節などの複雑な生命活動を起こさせている。その造物主に何かの間違い、たとえばＤＮＡの指令の中で、たった一文字の書き違いなどが生じたら、タンパク質が変わったり作られなかったりして被造物には致命的な障害が生じる。多くの遺伝病は、そのように説明される。

こうした事実が続々と解明されると、それまで生命の本質として、アリストテレスによってアニマとか生気などと呼ばれ、それ以上は不問にされてきた生命の本質が、実はＤＮＡによって吹き込まれていたものであることがわかってきた。それならばＤＮＡの研究を通して生命は理解できるのか。さらに、DNAで規定される生命をもとに、人間存在を理解することができるのか。

記号としてのDNA

DNAの分子生物学の話をするのが目的ではないので、ごく大ざっぱにDNAの構造を要約しておくにとどめる。

DNAは、リン酸と糖でできた長い鎖に、四種類の塩基が結合した化学物質である。ここで塩基といっているのは比較的単純な弱アルカリ性の物質で、アデニン、チミン、グアニン、シトシンの四種類の化合物である。その実体が問題になるわけではないので、単にイニシャルをとってA、T、G、Cという記号で書き表すことになっている。このたった四文字で、細菌はおろか人間のような複雑な生命体が規定できるのである。

ワトソンとクリックは、同じ材料から取り出されたDNAには、AとT、GとCがそれぞれ同じ分子数存在していることをもとに、AとT、GとCがお互いに相補的に存在しているものと考えた。DNAのX線回折データ、塩基組成分析などを綜合して一九五三年に提唱されたDNAの構造モデルは、生物学のみならず、現代思想を一変させるほどのものであった。その基本形は、**図5**のようにきわめてシンプルで合理的なものである。

すなわち、DNAの長い鎖には、A、T、G、Cの塩基がさまざまの順序でつながっているが、それは必ずもう一本の鎖と相補的に絡み合っているというのだ。Aに対するのはT、Gに対するのはCというように、お互いに相補的で逆向きの二重らせんである。

細胞が分裂するときには、この二本の鎖がジッパーを引き分けるように離れると同時に、それぞれに相補的な他の一本が合成されてゆく。この際、AとT、GとCが対を作ってゆくので、常に前と同じ対になる鎖が作られる。こうして細胞分裂のたびに、同じ一対のDNAの鎖が作り続けられてゆくことになる。生物の基本的な性質、増殖しながら同じものが作られてゆく機構は、こうして見事に説明されたのである。

DNAに書き込まれた情報は、生命活動の担い手であるタンパク質に翻訳される。A、T、G、Cの四文字が連なったDNAの鎖から、どのようにして二十種類のアミノ酸が連なっているタンパク質が決定されるのか。DNAはまことに見事な情報転換のシステムを持っ

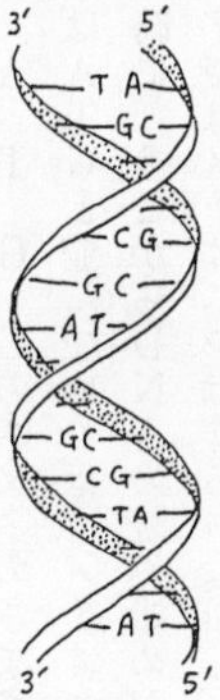

3′
5′
TA
GC
CG
GC
AT
GC
CG
TA
AT
3′
5′

図５　DNA二重らせんの模式図。リン酸と糖がつらなってできたテープの上に、A、T、G、Cの塩基が配置されている。TにはA、CにはGが必ず対置して結合している。遺伝子というのは、このようなテープの上にA、T、G、Cの４文字が書き連ねられた暗号文である。細胞が分裂するときはこの二重らせんのテープがジッパーを開くように２本に分かれ、分裂した細胞で対となるもう１本のDNAのテープを合成する。こうして子孫となる細胞は、もとの細胞と同じ遺伝子を引き継いでゆく。

ていたのである。

Ａ、Ｔ、Ｇ、Ｃの四文字のさまざまな並びの、三文字ずつを区切って読んでゆく。たとえばＡＴＧと並んでいれば、メチオニンというアミノ酸が指定されることになっている。と同時に、そこからＤＮＡの読み始めが起こるという指令にもなるのだ。他の組み合わせの三文字ではメチオニンは作られないし、読み始めも起こらない。反対のＧＴＡという並びではバリンというアミノ酸が指定される。こうして三文字ずつの並びで、二十種類のアミノ酸が次々に指定され、そのつながりでさまざまの働きを持ったタンパク質が作り出されるのである。さらに、ＴＡＡとかＴＡＧという並びがくると、それで指定されるようなアミノ酸は存在せず、したがって翻訳作業はストップされることになっている。こうした三文字並びの暗号をコドンと呼ぶ。

コドンの並びを読んでタンパク質に翻訳してゆく複雑なプロセスに深入りすることはやめよう。ここではただ、四文字で書き連ねた情報を三文字ずつ読み進むことによって、はるかに複雑な二十種類のアミノ酸のつながりに読みかえることができ、そうしてできたタンパク質が、細胞の構成要素や酵素や代謝物質などとして生命の働きを作り出してゆくことを知ればよい。その結果として、気の遠くなるほど複雑な、個体の生命という機械が動いているのだ。ちなみに、人間のＤＮＡの塩基の並びの総数は、三十数億文字と考えられている。

現代の分子生物学は、この三十数億文字で書かれている情報が、どうして一定のとき一定の部分が読みとられるのか、それもどの位の量のタンパク質として合成されるのかといった、遺伝子の転写や翻訳の調節機構をひとつひとつ明らかにしている。前章で受精卵からの発生の過程で次々に異なったタイプの細胞が生まれてゆくことを述べたが、それは、三十数億文字で書かれた情報の中に含まれる異なった文章が読みとられていったためなのである。

こうして記号としてのDNAはタンパク質に読みかえられ、それが最終的に生命体を構築し、その運営まで指令することになるのだ。このDNAの情報は、微生物の場合には単純な自己複製によって永久に受け継がれ、多細胞動物の場合は受精や分割によって親から子へと伝えられてゆく。DNAが遺伝子と同一に扱われるのは、このためである。

DNA複製と読み取りの基本的なルールは、生物のすべてを通して同一である。遺伝子の発現機構の研究でノーベル賞を受賞したジャック・モノーは、「大腸菌での真実は象でも真実である」という名言を残したが、DNAという物質自体も、それが生命活動を指定してゆくルールも、相手がカビであろうとうじ虫であろうと人間であろうと同じである。極言すれば、人間と葦の違いは、DNAの配列の違いである。

この事実を、西欧世界はどのように受けとめたのであろうか。キリスト教世界では、海を泳ぐ魚、地を走るけだものなど、この世のすべての存在を支配する権利を、人間は神から保障されてきた（創世記）。神によって選ばれたはずのその人間が、基本的にはうじ虫のそれと同一のルールに従って創造されていたのである。遺伝子の研究、ことにそれを物質的に扱う生命科学技術に、常に暗いイメージがつきまとい、いまだに正面切った社会的発言がややもすると控えられてきたのには、そのような背景があったためではないだろうか。

一方東洋、ことに仏教を伝統とする日本などは、この事実への抵抗があまりないのではないかと思われる。「草木国土悉皆成仏」という言葉が『法華経薬草喩品』にある。草も木も、塵泥(ちりひじ)にいたるまで、生命あるものはすべて平等という意味である。その観点に立てば、DNAの普遍性を受け入れるのに何ひとつ抵抗はないはずだ。

造物主DNA論には、もうひとつの側面がある。それは、ニワトリの卵からはニワトリが生まれ、ヘビが生まれることはないという、種の個別性の問題である。実際には種のみならず、亜種も変種も、さらにはひとつひとつの個体の特徴、人間では個人の特性などもDNAで決定されている。その決定にしたがって生を受けた生物体は、DNAの記号を子孫に伝えて死ぬが、DNA自体は永遠に滅びることはない。そこから第二のDNAの思想が生まれる。

利己的遺伝子

一九七〇年代に入るとDNAの構造解析の技術が進み、DNAのさまざまな行動様式が明らかにされていった。DNAの行動様式などと擬人化しなければならない理由は、それが当初考えられていたほど単純なコピーマシンではなくて、狡賢いほどのさまざまな戦略を使って、生物の行動、進化や適応を含む社会生物学的な現象に至るまでを規定していることがわかってきたからである。ＤＮＡを擬人化することによって、ＤＮＡが三十億年以上にわたって作り上げてきた生命の戦略と体制とでもいうべきものが見えてきたのだ。

それを考える前に、二、三の重要な事実を指摘しておきたい。まず第一は、タンパク質として最終的に翻訳されるＤＮＡの配列構造（これをエクソンと呼ぶ）は、人間のような高等動物では、その個体に固有なＤＮＡ全体（これをゲノムと呼ぶ）の二〜三パーセントに過ぎない。あとの部分には、タンパク質には翻訳されないが、ＤＮＡ暗号翻訳のスイッチを入れたり切ったり、読み方を変えたり、複製を制御したりするような調節性の働きを持った部分も含まれるが、他の大部分は何の役にも立たない無意味な文字が並んでいるだけである。その中には、昔は遺伝子として作られたが、働くことなく死んでしまった遺伝子の死骸も含まれる。意味のある文章は、膨大な無意味な記号の大海に点在する小島のようにみえる。

この無意味な部分がなぜ存在するのか。たとえばゲノムの中に大量に含まれている繰り返しの無意味な配列の多くは、まず一くさりの無意味な配列ができ、それが細胞の中で無意味なコピーを増やして拡がってきたものらしい。タンパク質として読みとられる部分が離れ離れに存在していて、その間にわざわざ無意味な配列（イントロン）が入り込んで、最終的な翻訳作業のときにわざわざ切り捨てられるというのもある。こうした無意味で冗長な配列は、あとで述べるようにあちこちの似たような部分とくっついたりして、ゲノムの安定性を乱す原因ともなるが、一方ではゲノムがダイナミックに変化するために重要な役割を果たしてきたらしい。

もうひとつの事実は、一部の遺伝子は後天的に変化するということである。免疫系では、無限といってもいいさまざまな異物に対応できるタンパク質を作るために、遺伝子の断片をつなぎ合わせて、新しい遺伝子を作り続けている。断片と断片の間には、読みとられないDNAの配列があるが、そこに含まれる小さな回文状の構造のおかげで、読みとられるべき断片のつなぎ換えが有効に起こるのである。

こうして膨大な量存在する無意味な配列のDNAも、細胞が分裂する際には忠実にコピーされて二つの細胞の中に入ってゆく。そんなことから、細胞自身にとっては何の役にも立たないのに、コピーを作って自己保存だけはしているという意味で、L・E・オーゲルとF・クリックによって「利己的DNA」という言葉が作られたのだ。

この事実を拡大して、進化論と動物行動学の観点を加えて発言したのが、リチャード・ドーキンスである(『利己的な遺伝子』日高敏隆他訳、紀伊國屋書店、一九九一年)。

ドーキンスは、視点の変革を訴える。ダーウィン以来、進化は自然淘汰と適者生存によって行われてきたという。しかし、適者というときの主体は何なのか。生存を争っているのは種ではなくて、本当は遺伝子なのではないか。これがドーキンスの主張である。

ドーキンスによれば、本能的に自らのコピーを増やし、自分を生き延びさせようとしているのは遺伝子の本性である。その遺伝子たちが、自分にとって有利な乗り物（ヴィークル）として作り出し、進化させてきたのが生物の種なのである。人間もまた、遺伝子が、自分が生き残るためにプログラムした、使い捨てのロボットに過ぎない。

ドーキンスは、遺伝子の最も基本的な自己複製という属性をとらえて、その企みの主体を「自己複製子（レプリケーター）」と呼ぶ。生命の誕生は、たった一度だけ、最初のシンプルな自己複製子が原初の地球のスープの中に生まれたときである。

最近では、最初の自己複製子はＤＮＡによく似た分子であるＲＮＡだとする説が強いが、それがＤＮＡであってもＲＮＡであっても、あるいは全く別の物質であってもかまわない。その構成要素に相補的に結合できるものがまわりにいくらでもあり、それが次々に結合してゆけば、最終的には逆のレプリカができる。そのレプリカはまた相補的に結合する要素を連ねて、もとと同じものをいくつでも作ってゆくことができる。

たとえば七個の穴が開いているアルミ板があったとする。それを沢山の未加工のアルミ板の中に投げ入れると、最初のアルミ板と同じ形の七つの穴の開いたアルミ板が自動的にできてくるという機械があれば、それは自己複製子の機械である。

この自己複製子は、次々に自分を忠実にコピーしてゆくが、時には間違いを生ずる。少しずつ違ったコピーができると、それらが集合し、つながり合って、複雑なゲノムを構成するようになる。ゲノムは、コピーを増幅し、やがては自分が乗り込むべき精巧な乗り物である生物体を作り出し、それを進化させることによって自己複製子の生存と拡大をはかる。人間もまたその乗り物のひとつに過ぎない。

利己的遺伝子が集団を作って、共同体として生き延びることをはかった最小単位が細胞である。細胞は分裂して増えるが、その時自己複製子も複製されて増える。有性生殖では、二つの個体由来の自己複製子の集団が受精によって混ぜ合わされ、補い合って有利に働く。二つの集団がまざり合い、つながり合って複製子は改良され、有利になった自己複製子が生き残る。ゲノムの中に大量に含まれる無意味な配列はそうしたエリート集団の離合集散を助けるが、それ自身は単なるおちこぼれの寄生者、あるいは集団にとっては何の役にも立たない旅人に過ぎない。

しかし、いかに複雑で精巧な乗り物を作ったとしても自己複製子の利己的な本性は変わらない。それは、複製し、生存し、拡大するために乗り物を徹底的に利用する。その乗り物が早死にしないように指図し、不利な条件でも生き残れるように性による遺伝子の交換を可能にした。動物の性行動には、良好な自己複製子を何とかして絶やさないで生き延びさせるための戦略が現れているという。アリのように、自分を犠牲にしても種の存続のために働き続けたり、親鳥が子供のために自分を危険にさらすのも、みな自己複製子としての遺伝子を生き残らせるためなのである。

こうしてドーキンスは、新しい「ＤＮＡの思想」として、生物は遺伝子の作り出した「生存機械」にすぎないという考えを打ち出した。彼の理論は、さらに進化論や動物行動学の領域にまでおよび、最終的には、ＤＮＡとは異なる自己複製能力と生存志向を持ったミームという文化伝達の単位を考えて終わる。人間の文化は、文化伝達あるいは模倣の単位であるミームが、同じように利己的に増殖して形成してゆくものだという。ミームもまた遺伝子と同じく不死身である。しかし、遺伝子のあくまでも貪婪（どんらん）な自己複製欲を見てしまった上では、ミームという文化因子などは生物学的な説得力を持たない。

ドーキンスの利己的遺伝子説は、ヨーロッパ、アメリカで幾度にもわたって大きな論議を呼んだ。いくつかの明らかな誤りも指摘されたし、著者の反論ともいうべき第二作、第三作も出版されたが、基本的な考えは同じである。本当に人間は遺伝子の乗り物なのだろうか。

しなやかなＤＮＡ

ドーキンスの考えている遺伝子は、最終的にはタンパク質に翻訳される何らかの意味を持った単位である。しかし、ゲノムの中ではそんな働きが認められない、いわば無意味な部分の方が多いことはすでに述べた。ドーキンスは、こうした余分なものは、寄生者として生存機械に乗せてもらっている無害だが役に立たない旅人に過ぎないと考えていた。

しかし遺伝子の解析が進むにつれて、この無意味な配列の中に、さまざまな働きが存在することがわかってきた。たとえば一見無意味にみえた繰り返し配列が、遺伝子同士をつなぎ換えたり、転写を変更させたりして、もとの文章とは違う意味を作り出すのに役立っていることがわかった。ＤＮＡとして書かれた文章を、タンパク質に翻訳する前段階として、それをＲＮＡに転写するという作業がある。転写の部位を指定したり調整したりするような構造（それ自身ではタンパク質になるものとならないものがある）も数多く見つかってきた。転写を制御しているタンパク質が多数コーディネートして微妙に情報を呼び出し、かつ修飾している一段と複雑な機構が見えてきたのである。

あちこち飛び回ってもともとの遺伝子の意味を変えてしまうようなＤＮＡも見つかってきた（トランスポゾン）。ドーキンスが最初に規定した、かたくなで自己複製のみを目的としたＤＮＡとは違った、しなやかなＤＮＡの姿が見えだしてきたのである。

典型的な例は、免疫系の遺伝子であろう。

免疫細胞のうちＴ細胞とＢ細胞は、「自己」以外の侵入者、あらゆる「非自己」を識別するためのアンテナ、受容体（レセプター）というタンパク質を持っていることは前に述べた。さまざまな「非自己」を認識するためには、それにひとつひとつ対応できる受容体がなければならない。さまざまな「非自己」由来の物質（抗原）と、それに個別的に対応する受容体の構造は、しばしば鍵と鍵穴の関係にたとえられる。

T細胞は、受容体としてT細胞抗原受容体（TcR）という分子を利用し、B細胞は抗体あるいは免疫グロブリン（Ig）と呼ばれるタンパク質を使っている。いずれも「自己」以外のすべてに個別的に対応するために、億単位の異なった構造を持った受容体タンパク質である（図6）。

しかし、人間のゲノムの中で、タンパク質を指定できるような遺伝子の数は、多く見積もっても十万個ていどである。どのようにして遺伝子の数よりも多い受容体タンパク質を作ることができるのか。

この問題を解決したのが利根川進である。利根川の発見は、科学的にも特筆すべき重要なものだったが、思想的にみてもきわめて重大な問題提起となった。

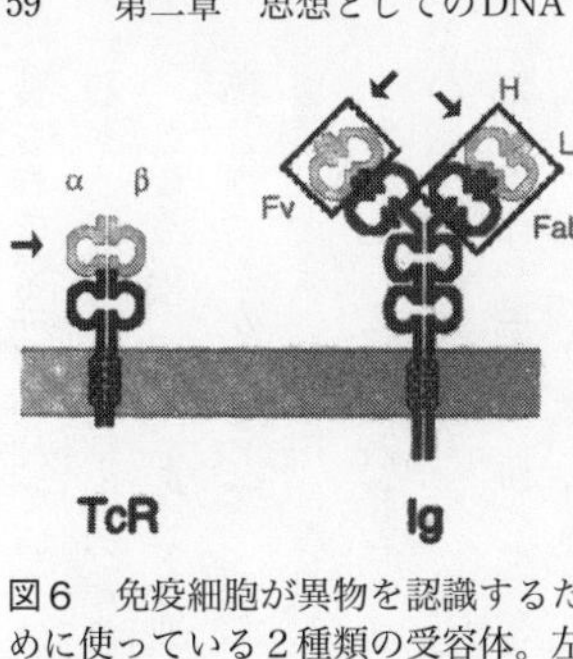
α
β
H
L
Fv
Fab
TcR
Ig

図6　免疫細胞が異物を認識するために使っている２種類の受容体。左はT細胞の抗原受容体（TcR）、右はB細胞表面にある受容体としての免疫グロブリン（Ig）。いずれも、いかなる異物とでも反応できるような多様性を持った構造を先端に備えている（←の部分）。この部分で異物と反応し、その情報を細胞内に送る。受容体はアンテナのようにそれぞれの異物の情報をキャッチする分子である。

人間の体は六十兆個もの細胞でできている。形は違っているが、どの細胞も、もともとは一個の受精卵が分裂し増殖し分化することによってできたものだから、その中に収まっているDNAは、受精卵の中にあったものがそのまま複製されて受け継がれているはずである。実際、肝臓の細胞でも眼の細胞でも、含まれているDNAの構成は受精卵のそれと全く同じである。

ところが、抗体を作るB細胞では、受精卵や他の体細胞では離れた場所にあった遺伝子の断片がつながりあって、受精卵にはなかった新しいまとまった遺伝子の単位が作り出されていることを、利根川は発見した。遺伝子は不変というそれまでの常識を覆したのである。

しかも、この離れて存在するDNAのつなぎ換え（再構成）というやり方で、限られた数の遺伝子断片を使って、無数のバリエーションを作り出すことができることを証明したのだ。抗体やTcRの持っている多様な鍵穴は、一般には三種類の遺伝子断片を組み合わせることによって、後天的に作り出されたものであった。これが、第一章で超（スーパー）システムの特徴としてあげた第二段階の自己多様化のやり方である。

人間の抗体の遺伝子では、四種類の断片のうち、V遺伝子と呼ばれる断片が約二百個、D遺伝子断片が三十個、J遺伝子が六個である。その任意の組み合わせを考えるだけで二百×三十×六で三万六千種類になる。さらに、つなぎ換えの部位がずれたり、そこに新しい塩基が入り込んだりして、可能なバリエーションは億単位になることがわかった。それが、九種類あるC遺伝子のどれかに結合して抗体という分子を作り出すのだ。

どのV、D、Jが組み合わされるのかはもともと決まっていたわけではないから、どの遺伝子が使われるかは確率論的な問題になる。ゲノムが同一である一卵性双生児でも、同じ抗原に対応する抗体で違ったV遺伝子を使っている場合も多い。こうして免疫系は、未知のいかなる鍵にでもフィットできる一揃いの鍵穴（レパートリーという）を作り出すのである。

免疫系は、このようにして造物主DNAの決定から自由になり、さまざまな偶然を取り込みながら、個体ごとに別々のレパートリーを作り出すようになる。生命の個別性というのは、利己的遺伝子の指令で百パーセント決められていたわけではなかったのだ。

ほとんど同じ理屈がT細胞にもあてはまる。T細胞には受容体が二種類ある。αβTcRとγδTcRの二セットである。その両方で、B細胞と同じような遺伝子のつなぎ換えが起こって、多様性を作り出す。その上γδTcRの遺伝子の一部は、通常三文字ずつ読まれる暗号を、一字ずつずらして読むという離れ業をして、ひとつの遺伝子を何通りにも利用する。同じ文章を文字をずらして三通りの別の読み方で読むとどうなるだろうか。サイタ、サイタ、サクラガサイタ。イタサ、イタサ、クラガサイタサ。タサイ、タサク、ラガサイタサイ。通常はDNAのルールで禁止されているこのような冒険をしてまで、免疫系は多様性を拡げていたのである。試算された多様性の大きさは、αβTcRで十の十六乗にもおよぶ。γδTcRでは十の十八乗である。それだけの多様性など現実には必要でもないし、また実際に作られているわけでもないのだが、そこまで可能なやり方なのである。超（スーパー）システムとしての免疫系は、偶然性を積極的に取り込んだり、新しい遺伝子の利用法を発明し、もとのゲノムの遺伝子には書かれていなかった新しい行動能力を作り出したのである。いまのところ、このような遺伝子のつなぎ換えで多様な遺伝子を作り出しているのは、免疫系以外では発見されていない。

遺伝子のつなぎ換えではなくて、ひとつの遺伝子発現様式を条件次第で変えるという別のやり方も、免疫系の他の分子で発見されている。たとえばCD45という免疫細胞の膜にある大きな機能分子では、細胞が免疫反応を起こすと、もともとひとつの遺伝子なのに転写のやり方をさまざまに変えて、作られるタンパク質の大きさを変化させる。未だ異物と反応したことのない処女細胞では、いくつかのエクソン（タンパク質に翻訳されるＤＮＡ配列）で構成されるCD45遺伝子の全部がタンパク質に翻訳されるので分子量が二万もある大きなタンパク質が合成される。しかし、一度あるいは繰り返し異物と反応すると、一部のエクソンの翻訳がなされなくなって小さな分子になってしまう。機能も変化するらしい。遺伝子が一方的にタンパク質を決めているというドグマは破られ、細胞の方が遺伝子の利用の仕方を変化させているのである。

まだまだ沢山の例があるが、これ以上の深入りは避けよう。これらの事実が、基本的にはＤＮＡに内在したルールによって生み出されていたのだとしても、浮かび上がってくるイメージは異なる。ＤＮＡはすべてを前もって決定していたのではない。偶然や後天的な経験を通して、生物はＤＮＡの利用の仕方を変え、遺伝子を異なった文脈で読みかえるようになるのだ。

そこには、いままで知られていなかったしなやかなＤＮＡの姿が浮かび上がってくる。

超（スーパー）システムとしてのゲノム

私たちは、頑迷固陋なＤＮＡによる決定論から、自己複製子の集合体としてのゲノムを通過し、しなやかなＤＮＡと出合った。ゲノムというのは、単なるＤＮＡの総体ではなくて、さまざまな可能性を生み出し、個体の特性を産み出すものであると指摘し続けているのは中村桂子である（『自己創出する生命』哲学書房、一九九三年）。彼女によれば、ゲノムこそ個を作り出す主体である。

そのゲノムの成り立ちについて、分子生物学者の大野乾は興味ある仮説を述べている（『大いなる仮説』羊土社、一九九一年）。遺伝子のＤＮＡ配列を眺めていると、機能の異なるタンパク質を作る遺伝子の間でも非常に似ている部分が見つかってくる。恐らく太古に誕生した遺伝子（大元祖遺伝子）が、コピーされることによって数を増やし、少しずつ変化することによって違った機能を分担するようになったものと考えられる。それらの産物が、細胞や個体といった大きな体制を作って相互依存関係が成立したために、それが保存されているのである。この事実を、大野は遺伝子の世界の「一創造百盗作」と喝破する。

たとえば、免疫に関与する分子の多くは、約百十個のアミノ酸からなる単位構造（ドメインと呼ぶ）のつながった分子群で、DNAの方でも、ドメインに対応するエクソンがある。これらのエクソンは無意味なイントロンを介してDNAの鎖の上に直列に並んでいる。この構造単位が繰り返しつながってできた分子群を免疫グロブリン・スーパーファミリーと呼んでいる。このスーパーファミリーに属する分子たちが、お互いに反応し合い依存し合って、免疫システムが作り上げられているのである。

こうした共通のドメインを持つ分子を生み出す遺伝子群を、遺伝子のスーパーファミリーと呼ぶ。免疫グロブリンに似たドメインを持っている分子は、免疫系に数十種類も存在している。それを決定している遺伝子群が、免疫グロブリン遺伝子スーパーファミリーである。別のセットの遺伝子スーパーファミリーを持っているものとしては、接着分子群やサイトカイン受容体群などがある。高次の生体システムは、こうした遺伝子スーパーファミリーの産物の相互関係によって成立していることになる。それは、もとをただせば太古に誕生した一個の機能を持った遺伝子が、増幅し複雑化して作り上げた巨大なシステムである。

単一なものが、まず自分と同じものを複製し、ついで多様化することによって自己組織化してゆく。それが充足した閉鎖構造を作ると同時に外界からの情報を取り込み、自己言及的に拡大してゆく。これが前章で述べた「超（スーパー）システム」の基本的な性質であった。

ここで点検したDNAは、まさに「超（スーパー）システム」を作り出す能力を潜在的に持っていたのだ。生命体のゲノムそれ自身が、「超（スーパー）システム」だったではないか。生命の持つ超（スーパー）システム性は、ＤＮＡの本性に依存しながら、その利己性を超えていったのだ。それならば、進化そのものも、「超(スーパー)システム」の拡大と発展として眺めることができるのではないだろうか。

こうして視点を変えてゆくと、生物がＤＮＡの乗り物なのではなくて、ＤＮＡの方こそ、生物という実体を持つようになったものが自己実現のために利用してきた乗り物のように見えてくる。人間は、ＤＮＡという乗り物に乗ってこの世に現れ、その全機能を利用して生き、それを乗り捨ててこの世を去る。

第三章　伝染病という生態学（エコロジー）

アアアの登場

アアアという病気があった。

好んで青少年を侵したが、成人で発病する者もいる。

症状は、強い排尿障害と血尿であった。そのため衰弱して死亡する者もある。若者の労働力を必要としていた古代エジプトにとって、重大な問題であった。

紀元前一五〇〇年ごろ成立したといわれるエジプトの古文書、エーベルスのパピルスには、アアアとその治療法が書かれている。激しい血尿が長く続くことなど、症状をくわしく記載した上で、この病気にアンチモンという鉱物が有効であること、アンチモンは毒性が強く、有効量と致死量が近いから注意するようにという指示までついている。

エーベルスのパピルスは、一八七三年にドイツのエジプト学者ゲオルグ・エーベルスが、テーベの遺跡から発掘されたという巻き物を古物商から買い取ったものである。全長六十五フィートにも及ぶ長大な文書である。

パピルスはすぐに解読された。そこには、古代エジプトにおけるさまざまな病気、その治療法、身体各部分についての解剖学的知識、その働きなどが記載されていた。

図7はアアアについて書かれた部分を写したものである。下から二行目の四角い囲い（カルトゥーシュ）の中の文字がアアア（a－a－a）であるが、この病気を指示する目的で発明された一文字、ペニスから血が流れている文字が書き加えられている。ヒエログリフは基

図7　アアア（住血吸虫症）について記載したエーベルスのパピルスの一部。下から2行目の囲いの中がアアア（a-a-a）と読まれる。この発音が、血尿の出る病気を意味することを指定するために、ペニスから血が流れている文字が書き加えられている(限定詞)。ここに書かれた部分は、すべて左から右に向かって読む。

本的には表音文字であるが、同音の語がある場合には、意味を限定するためにこのような発音しない文字（限定詞）が書き込まれる。

こうして登場したアアアが何ものであるかはあとで述べる。その前に、ここに現れた古代エジプトのヒエログリフと遺伝子ＤＮＡとの間にみられる奇妙な対応関係についてふれておきたい。それは、やがて議論する言語というものの超（スーパー）システム性を考えるのに役立つからである。

ヒエログリフの起源は、紀元前三一五〇年ごろまで遡ることができる。エジプト古王国成立の直前に、突然出現した。

その後たかだか二百年ぐらいの間に、ヒエログリフのアルファベットに相当する基本二十四文字のうち、二十一文字までが作り出された。初期王朝の第一王朝のころには、すでに表記法のあらましが確立してしまったのである。

一度発明されると、文字はほとんど自動的に書き綴られてゆく。エジプト三千年の歴史を通して、マスタバの壁、彫像の台座、神殿の柱や壁、ミイラの棺の内外、その蓋、あらゆる所を埋め尽くしてゆく。人間の意志など超えて、ヒエログリフが自己増殖してゆくように。

必要は発明の母で、人類最初の紙、パピルスが発明される。書くことを専門とする書記という職業もできた。書くことの神様、マントヒヒの姿をしたトト神まで創造された。ヒエログリフを簡略化した神官文字（ヒエラティク）や民衆文字（デモティク）が作り出された。ヒエログリフを実用的に

「転写（トランスクライブ）」することもできるようになる。

　何がこれほどまでにエジプト人を書くことに駆り立てたのだろうか。いったん発明されたからには書かれずにおかないという、文字というものの持つ魔力である。

　そのヒエログリフが、紀元一世紀を境にあまり書かれなくなり、やがて四世紀の一つの碑文を最後に視界から消えてしまった。ヒエログリフの書き方も読み方も文法も完全に忘れられ、古代エジプト語は死語になってしまう。知識を持っていた神官たちは殺され、その後千四百年もの間、ヒエログリフを読むことができる者はいなかった。

　一八二二年、ナポレオンのエジプト侵攻の際持ち帰られたロゼッタ・ストーンの碑文から、シャンポリオンがヒエログリフ解読に成功した話はあまりにも有名である。ロゼッタ・ストーンにはヒエログリフと、その「転写（トランスクリプション）」である民衆文字（デモティク）と、「翻訳（トランスレーション）」であるギリシャ文字が書かれていた。シャンポリオンは、その「翻訳（トランスレーション）」の側からヒエログリフ配列の謎を解いたのである。

　一度読み方がわかると、読むのを留めることができないのも文字の本性である。たかだか二十年余りで、おもだったヒエログリフは全部解読され、ヒエログリフの辞書までできた。病気や人間の体のことを詳細に記した、もっと古い記録であるエドウィン・スミスのパピルスや、ここで紹介したアアアを記載した、ゲオルグ・エーベルスのパピルスも読み解かれ、翻訳書が出版されるに至った。

ヒエログリフ解読の話は、私にDNA解読の歴史を思い起こさせる。

DNAの歴史はエジプトとは比較にならないほど古い。DNAを持った古生物は三十五億年前ごろに突然生まれたとされている。その誕生の秘密は誰も知らない。

DNAの方も、それを構成する四つのヌクレオチド、A、T、G、Cがつながってできた文書であることは前章に書いた。恐らくは簡単な文字のつながりからなるユニットが最初にでき、それが重複や複製を重ねるたびに誤記が起こり多様化し、複雑なゲノム構成ができたものと考えられている。この間の事情については前述した大野乾博士の独想的な解説がある。突然変異による修飾や、組み替えによる新しい章が追加され、編集され、三十五億年という長い時間をかけて膨大な情報の蓄積が起こった。第二章で述べたように、生命活動は、DNAの「転写（トランスクリプション）」と「翻訳（トランスレーション）」によって行われる。

DNAの二重らせん構造が解明され、DNA解読の意義がわかったのが一九五三年、ワトソンとクリックによることも前章に述べた。シャンポリオンのヒエログリフ解読以上の大発見であった。一度解読のしかたがわかると、こちらも次々に読みとられていった。解読の精度と速度が上がり、これまでのところはまだ数パーセントというレベルに過ぎないが、いずれは人間のゲノムのすべてが解読されると思われる。

DNAとヒエログリフには、ふしぎなことに多くの符合点が認められる。

DNAの四文字は、アルファベットのつながりを横書きにすることで表記される。そこには、タンパク質の一次構造に翻訳できる部分（エクソン）と、できない部分（イントロン）とがある。エクソン部分には、右から読んで転写（トランスクライブ）する部分と、左から読まなければ意味が通じない部分とがあるのだが、ヒエログリフにも、右から読む部分と逆に左から読む部分とがある。

ＤＮＡでは、エクソンの前または後にプロモーターと呼ばれる特定の配列があって、プロモーターの向きによって読む方向が決まる。その方向に「転写（トランスクライブ）」され、ついで「翻訳（トランスレート）」されるのである。ヒエログリフでは、動物の形をした文字をみつけ、その頭の方向から読み方の向きがわかるしかけである。動物の形の文字がプロモーターの役割を受け持つのだ。

病気の名前や王の名前など、大切な情報は、カルトゥーシュと呼ばれる囲いで区別されている。非常に大切なものは、しばしば書き方をかえて何度も繰り返し現れる。遺伝子の方も、非常に大切なものは少し形をかえて複数個用意されていることが多い。研究者は、そういう配列をしばしば四角の囲いで囲って区別している。カルトゥーシュの読み終わり部分には直線で印がつけられているが、エクソンの読み終わりには、ストップコドンという暗号が来る。

ＤＮＡには、直接読まれない配列が数多くあるが、ヒエログリフにも発音されない文字が書き込まれている。この読まれない文字は、しばしば限定詞として、読まれる部分の意味をはっきりさせたり強調したりする役割を持っている。ＤＮＡにも、それ自身は翻訳されないが、翻訳される部分の転写を指定する調節性のエレメントが存在する。呪文などのヒエログリフには、ＤＮＡで散見されるような無意味な文字のリピートが散見される。ひとつの文字が二種類の読み方をされたり、同じ文字配列が別の意味を持ったりするのも、ヒエログリフとＤＮＡの共通点である。

ＤＮＡによるゲノムの構成と言語システムの成立には、きわめて意味深い共通性がある。言語や文字記号の発生と発達は、ＤＮＡにみられる法則や進化ときわめてよく似ている。この問題は、いずれ章を改めて考えることにして、ここではいま登場したアアアという病気に戻りたいと思う。

アアアの本体

古代エジプト人を悩ませたアアアという病気は、そもそも何で起こったものであろうか。

一八五一年、カイロで寄生虫の研究をしていたドイツの医学者ビルハルツは、アアアの原因が患者の膀胱壁の血管の中に寄生している長さ一〜二センチほどの寄生虫であることを発見した。ビルハルツ住血吸虫、あるいはヘマトビウム住血吸虫と呼ばれる。この病気が社会問題となった古代エジプトから四千年もたってからの発見である。

血管の内部に寄生するから住血吸虫と呼ばれるこの種の寄生虫は、現在でも世界の多くの国で猛威を振るっている。感染者の数は全世界で三億人にのぼるといわれている。日本でもごく最近まで、日本住血吸虫症というのがあって、こちらは肝臓の血管に寄生するので、腹水や肝硬変を起こした。

興味があるのは、住血吸虫の生活史である。次頁の図8に日本住血吸虫の生活史を示した。

住血吸虫は、雄と雌が抱き合ったまま血管の中に住みつく。日本住血吸虫では肝臓の門脈の中、ビルハルツ住血吸虫では膀胱の静脈叢の中である。吸虫は一生の間交尾を続け、ひたすら産卵する。卵は、糞か尿によって排泄される。

卵は外界の水中で孵化してミラシジウムと呼ばれる第一代の幼生が生まれる。ミラシジウムは人間に寄生する能力はないが、淡水中に住む小型の巻き貝に侵入して、そこで今度はスポロシストとなって無性生殖を始める。その結果、やがて無数の第二代の幼生セルカリアとなる。セルカリアは〇・二ミリメートルほどの小虫で尾が二つに分かれている。水中を泳ぎ、人間の皮膚に達するとそれを破って血液中に侵入する。血液中でさらに変態を起こして数日後には肺に達し、やがて血流に乗って循環を始める。血液中で出合った雌雄はすぐに抱合して、寄生部位に住みついて成熟する。成虫は、血液に豊富に存在するブドウ糖のほかに、赤血球に含まれるヘモグロビンを栄養源として成長し、一生、卵を産み続けるのであ

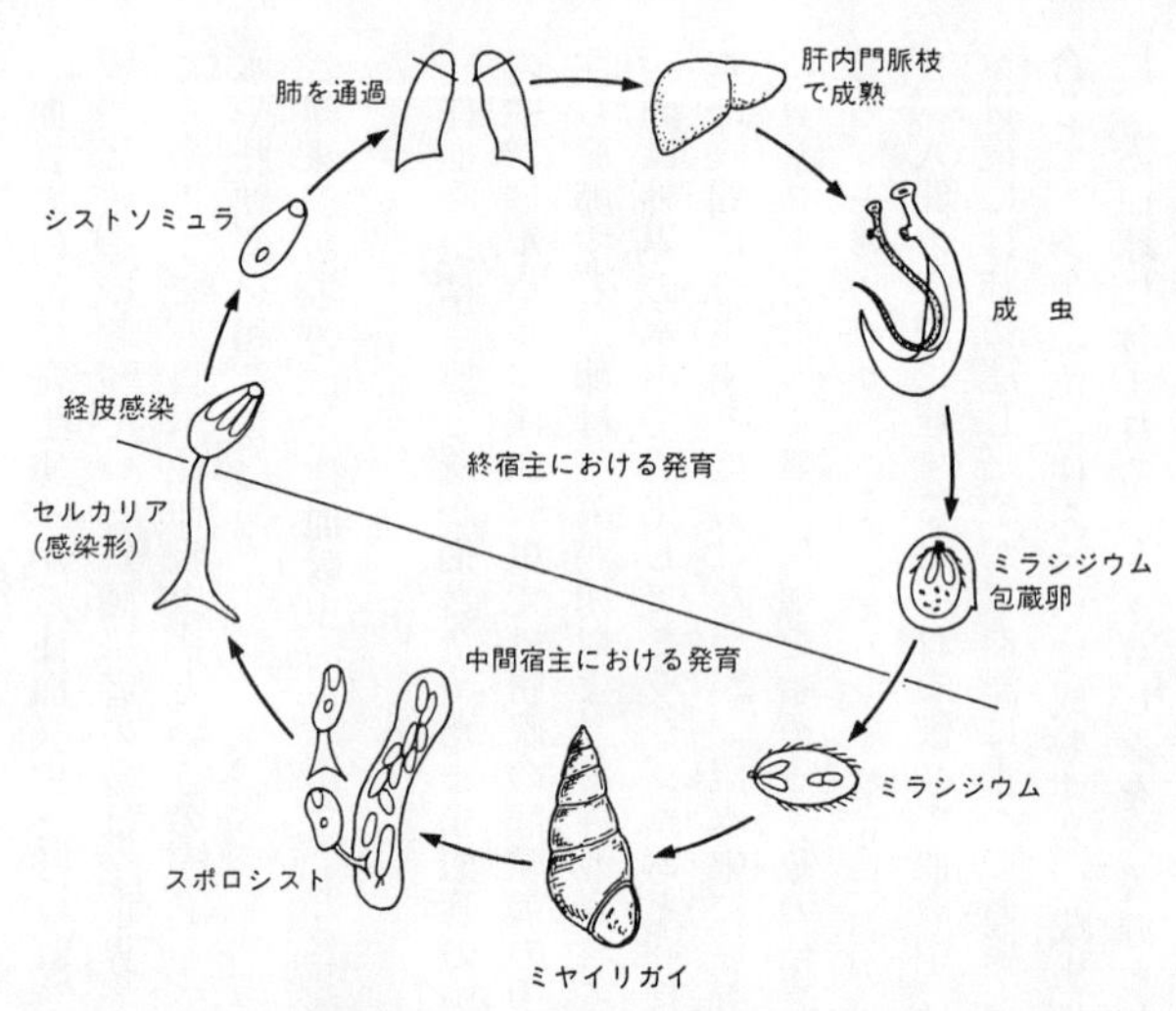

肺を通過
肝内門脈枝
で成熟
シストソミュラ
成 虫
経皮感染
終宿主における発育
セルカリア
(感染形)
ミラシジウム
包蔵卵
中間宿主における発育
ミラシジウム
スポロシスト
ミヤイリガイ

図8　日本住血吸虫の生活史。成虫は雌雄が交尾したまま肝臓の血管内に寄生し、生涯卵を産み続ける。卵は排泄されると、中間宿主であるミヤイリガイに寄生し、セルカリアとなって人間の皮膚を通って再び人間の血管内に寄生する（小島荘明原図）。

る。

エジプトでアアアが青少年を好んで侵したのは、日中ナイル川で水浴したためである。成人が沐浴をする早朝や夕暮れには、貝から放出されるセルカリアの数が少ない。

私がなぜアアアにこだわるかというと、この寄生虫症を通して、生命体の相互関係がよくわかるからである。住血吸虫も人間も、中間宿主である淡水の巻き貝も、造物主DNAの造り賜うたものである。住血吸虫は、時にはネズミなどの齧歯類に付くことはあるが、ほとんどは人間に寄生する。多くの寄生虫は、宿主に対するかなり厳格な選択性を持っているのだ。動物にはその動物特有の寄生虫がいる。

住血吸虫の第一代幼生ミラシジウムは、淡水産の巻き貝の特定の一種にのみ侵入する。こちらの選択も厳格で、日本住血吸虫では、ミヤイリガイと呼ばれる貝だけである。したがって、この貝のない地方には日本住血吸虫症はない。逆にこの貝のある地方には、必ず病気があった。戦後、日本の各地で、この貝の棲息する湿地帯を焼き払った結果、日本住血吸虫症は過去のものとなった。

ナイルの氾濫によって豊かな恵みを受けていた古代エジプトでは、必然的に淡水の巻き貝が増え、そこで水浴する子供はアアアにかかった。一度かかると、尿の中へ無数の虫卵が排泄されるようになる。それは水中で孵化し、巻き貝に取り付く。巻き貝の中では、ミラシジウムのＤＮＡが無性的に増え、新しいセルカリアが誕生し続ける。

さて、それから四千年を経た現代、エジプトでは再びアアアが問題になっている。アスワンハイダムを含めて、エジプトには多数のダムが建設された。運河が掘られ、多くの土地にナイルの水がもたらされて、限られていた巻き貝の棲息地が拡大した。その結果として、住血吸虫症は各地で猛威を振るうようになった。

この事実から、何が読みとれるだろうか。これを、急速に浸透した近代文明による新たな環境問題と考えることはたやすい。文明がもたらした水利や発電が、エジプト人民や国家にもたらした恩恵は計り知れない。その間接的な代償として、この病いを受け入れなければならないのだろうか。

しかしそれよりも、現代エジプトのアアを、生命体の相互関係で成立していた生物生態系の混乱として見ることが必要なのではないかと私は思う。そこには、環境の変化がDNA連鎖による生態系に及ぼす影響が、象徴的に示されているように思う。

DNAの生態（エコロジー）としての伝染病。それを理解するために、もうひとつの病気の歴史を振り返ってみたい。

ペストの登場

紀元前四三〇年の五月はじめ、スパルタ同盟軍と交戦するためアッティカに布陣したアテネ軍に突然、疫病が発生した。二年以上にもわたって猖獗（しょうけつ）をきわめたペストの始まりである。

初めは、医師もこの病気が何であるか実体を摑むことができなかった。病いはみるみるうちにアテネの市街にまで達し、死亡者の数が激増した。流行は一時峠を越すが、翌年には再びぶり返し、アテネ同盟軍の指導者ペリクレスも病いに倒れた。アテネは市民の三分の一をペストで失い、分裂した。

この病いの病状と流行の経過を、歴史家ツキディデスは冷静に観察し、事細かに記載している（トゥキュディデス『戦史』久保正彰訳、世界の名著5、中央公論社、一九八〇年）。

症状は、突然の発熱と眼や喉の出血性の炎症に始まる。胸痛や激しい咳、さらに異臭を帯びた息などから察すると、肺炎が起こっていたらしい。さらに胆汁を吐き、しゃっくりや激しい苦悶とともに痙攣が起こった。体は赤みを帯びた鉛色となり、小さな膿疱が多発する。患者は体中が燃えるように熱く、冷たい水に飛び込んで死ぬ者もいたくらいである。

多くの人は六日から八日で死んでしまうが、一部の人は激しい下痢を生じた。それでも死ななかった患者では、性器や手足の先が腐ってくる。手足の機能が失われたり、盲目になったり、痴呆状態になったり、病気はさまざまな後遺症を残す。

興味あることに、病気のなりゆきを冷静に観察していたツキディデスは、ここで「免疫」という現象が存在していることに気付くのである。一部の人では、「一度罹病すれば、再感染しても致命的な病状に陥ることはなかった」と、歴史家は、罹患後の患者に免疫が成立していることを正確に記載している。

ツキディデスの記録したこの疫病は、上記の諸症状から考えると、必ずしも典型的なペストではなく、チフスに相当するものではなかったかとする説もある。しかし、ペストの語源のラテン語のペスティスは、もともと一般的に災害とか災厄を指すもので、今日でいう、ペスト菌による伝染病だけを指すわけではなかった。にもかかわらず、この流行について書かれたツキディデスの記録は、その後二千年以上にわたって繰り返されるペストに対する人間の行動様式を、余すことなく描写しているように思われる。

この病気が流行し始めると、アテネ市民の日常の行動様式が変わってくる。

突然の災厄に動転した人々は、まず病気のもととなった犯人をさがし出し、リンチにかけようとする。それまで友人だった人が、感染を恐れて互いに近づこうとしなくなる。病人を誰も看病しなくなるので、空き家同然となった家に、患者は独り残されて死ぬ。都市へ集団入居した貧困者がまず犠牲になり、その人たちが、小屋がけしていた神殿の周囲は屍の山となった。宗教的感情が失われ、道徳が退廃して、死者を弔う儀礼さえ怠るようになった。犯罪が増加して、略奪のため貧富が逆転する。その富を持った人たちさえ死んでゆくので、生命も金もその日限りと思い、死を前にして享楽に身を投ずる者も多くなる。名を惜しみ苦難に耐えるというような精神は失われ、法は破られ、耕地は荒れるにまかされた。それは二次的に飢餓を招き、人々はたやすく絶望するようになった。

逃亡、差別、犯罪、殺し合い、無秩序、絶望、そして死と隣り合わせの享楽。これが、ツキディデスの描いたペスト猖獗の下での人間の行動様式であった。

この描写が、たとえばそれから千七百年もたってからヨーロッパを襲った一三四〇年代後半のペスト大流行の記録だといってもちっともおかしくないほど、伝染病に対する人間の行動は基本的に変わらなかった。

その前年あたりに中央アジアで発生したペストは、一三四八年にはタタール人と交戦中のヨーロッパに達し、全土を恐怖の中にたたきこんだ。東方と交流のあったギリシャ、イタリアなどから病いは拡がり、スペイン、北欧、イギリス、ロシアなど各地が汚染されていった。この大流行についてはさまざまな記録が残っており、それをもとにした著書も多い。また、この時の流行をもとにして描かれたと思われる、ピサのカンポサント（共同墓地）にある壁画「死の勝利」（ブッファルマコ作）などになまなましくその様をみることができる。

諸書を参考にして要約すると、ペストの流行とともにヨーロッパ世界は混乱に陥る。ペストは、侵入してから一日七十五キロの速さで各地に拡がってゆく。これを知った国々では、患者を乗せたガレー船の入港が拒まれ、争いが多発し、ユダヤ人やジプシーに対する弾圧が始まる。病いを恐れて移動する人々によって人種は混交し、持ち主を失った土地や建物が他人の物となり財産の集中が始まる。ルネサンスを築くもととなった富裕層の台頭はこのようにして用意された。数年の間にヨーロッパは人口の三分の一を失い、それを回復するには数世紀を必要とした。

ペストは中央アジアから東方にも拡がっていた。一三六八年に、モンゴル族の元王朝が土着の漢民族に滅ぼされて明が成立するが、その要因のひとつはペストが幾度にもわたって中国を襲い、モンゴル族の政府を弱体化させたためともいわれている。

宗教は災厄の中に神の怒りを見つけだし、苦行僧などによる新たなセクトを作り出した。

一方では生きている間に快楽を貪ろうとして風紀が乱れた。ボッカチオの『デカメロン』は、この大流行の際にフィレンツェから逃げ出した七人の女とその連れが、疫病が通り過ぎるのを待ちながら語った艶話である。そのうちの三人もやがて死ぬ。

一六六五年に始まったロンドンのペストでも事情は変わらない。ロビンソン・クルーソーで有名なダニエル・デフォーが書いた『ペスト』（『ロンドン・ペストの恐怖』栗本慎一郎訳、小学館、一九九四年）は、この流行で混乱に陥ったロンドンを見事に記録している。十七世紀の大都市でもまた、伝染病を前にした人間の行動は同じであった。患者は排除され、死体は放置され、盗みや殺しが横行し、人間関係は途絶する。

しかし、こうした度重なるペストの流行を通して、人間は明らかに新しい近代的行動様式を作り出していったと、私は思っている。

その第一は、「隔離」というやり方である。はじめは排除と差別に終始していた患者を、安全に隔離して身を護る方法を考える。十七世紀ごろから各地に作られるようになったホスピスは、まず隔離という要請をもとに成立し、やがては専門の治療を行う病院として近代治療医学の発展に寄与するようになったのである。

一方、ペストが病原菌によって起こるなどということを知らなかった中世においても、この病気の流行とネズミとの関係は気付かれていた。ペストの惨禍を示す版画などには、ネズミの姿がきまって描かれている。

ネズミは不潔な環境で生育する。患者が多発するのも、汚れた生活条件の中である。そこから、いわゆる「衛生」という思想が起こり、近代の公衆衛生学が生まれるのである。

もうひとつの思想は、患者との「共存」である。ルネサンスに好んで描かれた絵画「ミゼリコルディアの聖母」には、黒いマントをかぶったペスト患者が他の信者とともに描かれている。他に救う方法のない状況下では、病者と共存して聖母の慈悲にすがるよりほかはない。多くの聖職者が、身をなげうって病人を世話し、死体の始末をした。すると興味のある事実が起こったのである。

患者の看護にあたった一部の聖職者は、病気に感染して死んだが、他の者はたとえかかっても比較的軽くすみ、回復した者は二度と病いにかからなかった。ことに若くて健康だった聖職者では、こうした「免疫」が起こりやすかったに相違ない。

免疫は、まさしく「恩寵」の現れのようにあらたかであった。

こうした経験は、やがて近代医療の発達とともに予防医学、治療医学に応用されるようになる。伝染病を通して、人間は新しい行動様式を学んでいったのである。

私の考えでは、日本では「隔離」という思想はもともとはなかったのではないかと思う。病いをケガレとしてみていた日本で、患者が隔離されず、共存下におかれていたらしいことは面白い事実である。中世の日本での疫病流行の記録を見ても、病者は巷をさまよい、死体は河原や町中に置き去られる。それを弔った僧の記録も豊富である。絵巻物では、病者が民衆に混じって慈悲を乞うている姿が描かれている。

「隔離」という西欧の思想が日本に入ってきたのは、江戸末期か明治初期ではないかと思う。たとえば、長崎県の出津で、一八六八年からカトリックの布教活動を行ったマルコ・ド・ロ神父は、さまざまな医療活動を行っていることが知られているが、そのひとつに赤痢患者の救済活動があった。

ド・ロ神父は、赤痢患者を真っ先に一軒の家に集めて隔離し、看病する者もそこに合宿させて自分の家に病菌を持ち込まないようにさせたという。隔離という考えは、当時の日本では全く新しいことであったらしい。

ペストの意味論

二千五百年間にわたって人類を悩まし続けたペストが、ペスト菌という細菌によって引き起こされることがわかったのは一八九四年のことである。この年には香港にペストの流行があり、北里柴三郎は患者の喀痰の中から卵円型の桿菌を分離し、ペストの病原体であることを突き止めた。それとは独立して同じ菌を同定したロシア系スイス人の細菌学者A・E・J・エルサンの名をとってエルシニア・ペスティスと名付けられた。

ふしぎなことに、ペスト菌が見つけられた十九世紀末の流行を最後に、ペストという病気は影をひそめてしまう。日本では、大正十五年に外国から持ち込まれたことはあるが、それ以後発生していない。国外でも、最近のインドでの発生を含めて、ごく稀に報告があるほかは全く問題視されていないのが現状である。

あれほど世界を震撼させたペストが、突然舞台から消え去った。なぜであろうか。専門家の間でも、それに対する正確な答えはないが、ひとつの可能性をあげてみたい。

ペストの病原体エルシニア・ペスティス菌が発見されてから明らかになったペストの自然史は、次のようなものである。

ペスト菌は、もともとは野ネズミ、リス、野兎など野生の動物の中で生きてきた。こうした動物では、人間のような激しい病気は起こらない。

ケオプスネズミノミという種類のノミがペスト菌の保菌動物を刺すと、菌はノミの腸の中に移り、そこで増える。ペスト菌はノミによって別の動物に移される。

それは人間が耕地の拡大や狩りの目的で山林に侵入し、野生動物の領域と接触するときに起こる。ケオプスネズミノミがイエネズミ、すなわちラットに移り、ラットの間で感染を広める。さらに人間に移って、初めて特有の病状を起こす。初めはリンパ節などが腫れる、いわゆる腺ペストの症状であるが、やがて肺に侵入して気管支炎を起こす。そうすると、咳に混入した痰による飛沫感染が起こって、爆発的に感染を拡げてゆくのである。病気が進行すると敗血症を起こし、高熱を発して一～二日のうちに死ぬ。体が青黒くなるので黒死病と呼ばれた。

注目すべきことは、ここでもまたペストを通して、野生の動物、昆虫、そして人間の間での生態学的相互関係が現れたことである。ペスト菌というDNAで規定された微生物は、同じくDNAで構成されたゲノムの産物である野生動物群と、マイルドな共存関係を保ってきた。その共同体に人間が参入したとき、ペスト菌は初めて人間に対して敵意を表す。野ネズミでは見られなかった激しい症状が人間を襲う。増殖し過ぎた人間の都市社会は、ペスト菌のDNAの支配下におかれ、人口が半減するまで角逐は続く。

そのペストが、なぜ歴史の表舞台から姿を消したのだろうか。次のような説がある。病原性のあるエルシニア・ペスティス菌には、それとよく似た無害の兄弟がある。エルシニア・シュードツベルクロシス（偽結核菌）と呼ばれ、人間に感染しても、ペスト菌とは違って軽い下痢を起こすに過ぎない。形の上でも、構成タンパク質の種類でも、ペスト菌とほとんど同じである。

このペスト菌の兄弟がいつ生まれたのかは知られていない。ただ知られているのは、かなり多数の人間が、この偽結核菌に知らないうちに感染し、免疫によって治っていることである。いまのところ、ペスト菌と偽結核菌が抗原構造の上で違っているという証拠はないので、ひょっとすると、ペスト菌が病原性の少ない偽結核菌に変わって、病気ではなくて免疫を与えているのかも知れないというのである。

偽結核菌がいつ生まれたのかも、またペスト菌とどう違うのかも完全に解明されてはいないので、この説が正しいかどうかは断言できない。もしそうだとすると、微生物と人間の間の新しい関係を見ることができる。宿主である人間の側は、免疫系を進化させながら微生物に適応してきたわけだが、微生物の方も宿主に適応するような変異を起こして共存をはかったとみることもできるかも知れない。ＤＮＡの産物の間の角逐の帰結を、垣間みる心地がする。

インフルエンザの進化

一九九五年の初め、日本ではインフルエンザの流行があった。私もその犠牲者で、この原稿も発熱をおして書いたものである。

ペストを通して宿主と寄生体の戦いの諸相を見てきたが、一足飛びにインフルエンザ・ウイルスと人間の生態学を考えてこの章を終えたい。

私たちはなぜ毎年インフルエンザにかかるのか。一度かかったらもう二度とインフルエンザにかからないというわけにはゆかないのか。

インフルエンザを起こすウイルスの本体は、遺伝情報をＲＮＡの形で持つ、いわゆるＲＮＡウイルスのひとつである。ウイルスのＲＮＡはタンパク質の被膜に覆われている。被膜のタンパク質のひとつが、動物の細胞に結合して、内部のＲＮＡを細胞の中に押し込む。ＲＮＡは細胞の中でコピーされ、被膜になるタンパク質まで細胞に作らせて、次々に自分と同じ粒子を細胞から発芽させる。作り出されたウイルス粒子は次々に感染を拡げる。それが粘膜の細胞を場にして起こるので、ご存知のような症状を呈するのだが、一般にはやがて免疫が起こってあとかたもなく治癒する。

ではなぜ毎年のようにインフルエンザにかかるのか。インフルエンザ・ウイルスの遺伝子ＲＮＡは、人間に感染してコピーされている間にも突然変異を起こしているが、人間から出て行ったときにもっと凄みのある変身をとげているらしいのである。

ウマにも、トリにも、ブタにも、それぞれ特有のインフルエンザ・ウイルスがいて、感染を繰り返している。それぞれの動物は、常にウイルスと共存しているのだ。

ところが、人間のウイルスが、ブタやトリなど他の種の動物に感染すると別のことが起こる。二種類のウイルスがゲノム内の遺伝子の一部を交換する、いわゆる遺伝子組換えを起こすのである。こうして、年月をかけることなく大きな変異がウイルス内で生じ、いままで存在しなかったようなタンパク質を持った新型のウイルスが出現する。

これまでにあったインフルエンザ・ウイルスですでに成立していた免疫では対応できない新型のウイルスは、こうして人間社会に大流行を起こす。人間は、自己の抗体遺伝子の利用の仕方を変化させることによって、また一から出直してこの新しい微生物に対処しなければならなくなるのだ。

人間の伝染病を眺めることによって浮かび上がってくるのは、ＤＮＡ（ときにはＲＮＡの形で）を介して成立している生物系の相互関係、すなわちＤＮＡ生態系の存在である。そこには宿主と寄生体という異なった生物種の間での想像を絶した共存と角逐があった。宿主と寄生体とは、互いに厳密な特異性を持った関係を形成しながら、一触即発の緊張のある生態系を構成していたのだ。環境のわずかな変化が、その生態系を変化させる。それが伝染病となって現れる。

寄生体のＤＮＡの変化に対して、宿主は自分の遺伝子を変化させて、第七章で述べるような多様な組織適合抗原を作ったり、適応的な抗体を合成したりして対処する。それに対して寄生体の方もしたたかに遺伝子を変えながら対応する。互いに死力をつくしたＤＮＡの戦いが始まる。その平衡が大きく傾いたとき、伝染病の流行が表に現れる。エボラ出血熱、ラッサ熱、マールブルグ病など二十世紀に入ってから世界に現れるようになった新たなウイルス病は、いずれもこの平衡関係の破綻によるものである。人間が、熱帯樹林を切り倒し、動物の聖域に侵入する。そこでウイルスと共存していたサルを殺す。ウイルスは新たな宿主として否応なく人間を選び、それに適応しようとする。

このようにシビアなＤＮＡの共存と排除の生態系を考えると、食物連鎖による生態系などという平和思想はケチくさくて取るに足らぬように思えてくる。地球環境問題という時には、文明がＤＮＡで成立している生態系にどんな影響を及ぼすかという観点からも考えてゆくべきであろう。

ＤＮＡの生態系に、いま大きく介入してきたのが、エイズの病原体、ＨＩＶである。このウイルスは、人間のＤＮＡの内部に入り込み、新たなやり方で人間の「自己」を破壊する。いまのところ人間のＤＮＡはＨＩＶに対処する方法を知らない。角逐は一方的にＨＩＶの勝利に終わっている。その歴史は、まだ二十年に過ぎない。

第四章　死の生物学

死の誕生

驚くべきことに、生物学には「死」という概念はなかった。

ある高名な生物学者に、死とは何かについてたずねたら、「生きていないこと」という答えが返ってきた。生物学は、生きていること、すなわち生命現象を相手に研究しているので、生命現象のなくなる死は研究対象にはならないらしい。生物学の教科書にも死の章はなかった。死は、まさに生物学の死角に入っていたのである。

脳死の問題がほとんどの国民を巻き込んで議論されていた時も、生物学者からの発言は皆無だった。生命そのものを研究対象とし、生命については専門家として責任を持った発言をするべき生物学者が、脳の機能が失われた状態で継続している身体の生命については、一言も弁護しなかった。私がこのことを指摘した（『科学』六十一巻八号、巻頭言）後でも、発言はなかった。それは、生物学が生の学問であり、その対極にある死は全く見ていなかったからであろう。

人間の生死を扱う医学でも、死の医学というのはなかった。死は、医師にとっては常に敗北であり、あってはならない事故（アクシデント）であった。患者の死を迎える医学という一章は、内科の書物にも外科の書物にもなかった。医学では人間は不死であるべきだったのだ。

さすがに人間の病気のことを扱う病理学では、病気の帰結や原因としての、細胞や組織の死についての記載はある。そうはいっても、病理学における細胞の死は、何らかの外力によって細胞が破壊されてしまう、受動的な死だけであった。

たとえば細胞や組織は高熱に曝（さら）されると生命活動を営むタンパク質が熱のために変性してしまう。そのために細胞は破壊され、組織は損傷を受ける。火傷では、多数の細胞が死ぬ。同様に低温に曝されても、強力な紫外線や大量の放射線でも細胞質内のタンパク質の変性が起こり、膜が破壊されて、細胞自身も死ぬ。そうした外力によって殺される細胞の死だけが、教科書でとりあげられていたのである。

細胞が生きてゆくためには、酸素が必要である。酸素が断たれると細胞は代謝を営むことができなくなって死ぬ。心筋梗塞や脳梗塞は酸素を運ぶ血流の途絶によって細胞が窒息死したものである。

このような何らかの外力が働いたり、生存に必須の物質が欠乏したりすることによって、細胞が破壊されて死ぬことを、病理学の用語では「壊死（えし）（ネクローシス）」と呼ぶ。壊死は常に受動的な死である。殺されるのである。

ある病変が起こることによって結果的にもたらされるところの壊死、さらには壊死が進むことによって新たな病巣が生ずること、これが病理学における「死」の位置づけであった。

ところが、第一章で述べたように、人間の体の中では、毎日三千億個以上の細胞が死に、同じ数の細胞が新生されて平衡を保っている。もしこの数の細胞が死なずに、新生だけが起これればアッという間に体はパンクしてしまうではないか。三千億個以上の細胞が毎日外力によって殺されているのだろうか。

死んでいく細胞の大部分は赤血球であるが、白血球やリンパ球など個体の「自己」の体制を維持するための細胞群も、日々大量に死に、補給される。それにもかかわらず、人間は昨日の「自己」も今日の「自己」も、さらに二十年後の「自己」もそれほど変わることなくアイデンティティを保っている。

腸管の粘膜の上皮細胞などは、莫大な数が毎日死んで数日で全部入れ替わってしまう。骨の細胞も皮膚の細胞も毎日死んでは補充される。それでも顔の形は変わらない。

死と再生によって維持されている生命の「自己」というものがある。その時、毎日おびただしい数で死んでゆく細胞は、病理学で教えるような壊死を起こしているのであろうか。細胞を殺すような外力が働いているのであろうか。

そんなことはない。こうした細胞は、多くは寿命を終わって自然死してゆくのである。その自然の死がどこでどうして起こるかを目撃した人は少ない。それは、きわめて短い時間のうちに、周囲の細胞によって飲み込まれたりして消失してしまうため、観察者の目にふれる機会が少ないためである。なぜ時間が来れば死んでゆくのかの究明もまだあまり進んでいない。

考えてみればまことにふしぎ千万なことではないか。誕生の現場をあれほど微細に眺めていた生物学者が、死の現場を目撃したことがないとは。

しかし、数少ない生物学者が、細胞の死には、受動的な壊死（ネクローシス）とは違った死に方があることに気づいていた。顕微鏡で組織の標本を毎日眺め続けていた病理学者の中には、癌細胞や老化した細胞、さらに壊死に至らない程度の軽い障害をうけた細胞には、細胞膜が破壊されるより前に、細胞の核の構造が不明瞭になって暗く均一になってゆくものが現れて、やがて細胞そのものが消滅したり、他の細胞に貪食されてしまったりするものがあることに気づいていた。

たとえば東京慈恵会医科大学教授であった病理学者高木文一氏は、こうした細胞の形を電子顕微鏡で詳細に観察して、それが通常の壊死細胞とは明らかに違う特徴を備えていることを見出し、「立ち枯れ壊死」という言葉を作った。同じような現象は、日本の病理学者、放射線科学者ら数人によってほぼ同じころに別々に記載されていたが、学界ではほとんど無視されていた。

本当に注目をあびたのは、一九七二年に三人の病理学者が、この現象にアポトーシスという名を与え、概念化したときからであった。術語というものが、いかに科学の発展や思想の形成に重要であるかを示す好例である。

アポトーシス（apoptosis）は、アポ（apo：下に、後に）とプトーシス（ptosis：垂れる、落ちる）というギリシャ語を合成した語で、もともとは医学の祖といわれるヒポクラテスが用いたとされている（出典不詳）。病気というものを気象（カタスタシス）との関係でとらえたヒポクラテスは、秋の西風と病気の発生に強い因果関係を認めている。アポトーシスも、もともとは秋とともに始まる「落葉」という現象をさしたものといわれている。落葉は、風のような外力によって引き起こされるわけではなくて、季節のめぐりとともに植物の葉の付け根の細胞に起こる生理的な細胞死の結果生ずるものである。この細胞死は落葉植物に遺伝的にプログラムされている。死をプログラムしている遺伝子であるはずなのである。細胞は、一定の時間と条件のもとで、この死のプログラムを発動させる。そして秋になると何千何万という葉が枝を離れ地面に帰ってゆくのだ。

植物だけではない。先にあげた免疫造血系の細胞も日々死んでは再生される。一日で百億個にも達する免疫細胞の死が、どこでどのように行われているかはあまりよく知られていない。脾臓や肝臓に張り巡らされた細網内皮系の細胞が、寿命の来た細胞を発見して捕捉して消化してしまうといわれている。しかし寿命が来たということを、どこでどのように感知しているかというとその詳細は不明である。

そうした自然死のほかに、細胞には自ら死のプログラムを発動させて積極的に自殺してゆくものがあることが注目されるようになってきた。

たとえば、生物の発生、すなわち個体という生命が作り出される過程で、アポトーシスが重要な役割を演じていることがわかってきた。オタマジャクシがカエルになる時には、尾が失われる。それは尾の細胞が遺伝的なプログラムに応じて死んでゆくからである。ほかにもうじ虫が蝿に変態するときには不必要になった蠕動運動に関わっていた筋肉が消失するし、ニワトリが発生してゆくときにも指のあいだの間充織の細胞がさかんに死んでゆき、結果として水掻き状のものが残る。人間の手の発生でも、はじめは丸いミットのような形をした組織の中に指骨が形成されてゆくのだが、やがて指骨の間の細胞が死んでゆき五本の指が作り出されるのである。まるで彫刻家が大理石からキリストの手を彫り出すように。

発生の過程というのは、遺伝的なプログラムによって決定されており、そのプログラムを引き出す誘導因子が存在することは、この本の第一章で述べた。すると、発生のプログラムの中には、特定の細胞を死なせるというスケジュールがすでに書き込まれていたわけである。もしこの死のスケジュールが発効しなければ、人間の指はくっついたままになるか、水掻きでつながってしまう。あとで述べるように、生物の発生そのものの過程に、すでに死のプログラムが組み込まれているので、そのプログラムが遂行されないと、発生そのものが狂ってしまい、正常な個体が生まれることさえできないのだ。

　アポトーシスは、人間の性の決定にも関係している。男性生殖器の輸精管の大もとになるウォルフ管は、男性ホルモンの影響で発達するのだが、その時、女性生殖器の輸卵管の大もとであるミューラー管がアポトーシスによって退縮してゆくという過程が絶対に必要である。ミューラー管の細胞が死ぬという過程が起こらなければ男性生殖器が完成しない。それに対して、ミューラー管の方は、ウォルフ管が死ななくても自然に発生して輸卵管を作るので、ミューラー管にアポトーシスが起こらなければ、人間はみんな女あるいは両性具有者になってしまう。ちなみに精巣から分泌される男性ホルモンであるアンドロゲンが働かないと男性器となるウォルフ管が退縮してしまって、自然に女性化してしまう。

　アポトーシスという現象が発見され、その概念が確立されることによって、死の生物学がスタートしたのである。生物学におけるあまりに遅い死の誕生である。

　しかし、いったんアポトーシスという概念が誕生してみると、細胞の死というのが、細胞で構成されている個体の生命の維持のためにいかに大切な現象であったかが次々に明らかになってきた。まさしく個体の生命というのは細胞の死の上に成立していたのである。

　アポトーシスはみるみるうちに現代の生物学の中心的研究対象になった。この章では、アポトーシスという現象を眺めながら、個体の生命を支える「死の生物学」について述べたい。

エレガンス線虫ができるまで

エレガンス線虫（*Caenorhabditis elegans*）という虫がいる。人体に寄生する蛔虫と同じ仲間に属しているが、この虫は動物に寄生することなく土壌の中で自由に生活している。長さは一ミリメートルくらいで細いむちのような体をくねらせながら、土壌の中の細菌などの微生物を食べて生きている。その姿が優雅なところからエレガンス線虫と呼ばれる。

この虫は、生物学の世界ではちょっとした人気者である。エレガンス線虫を使った研究論文は膨大な数に及ぶし、国際エレガンス線虫会議という国際会議も開かれている。

その理由は、この虫が卵から成虫になるまでの時間がたったの十六時間で、それも簡単なシャーレの中で培養することで完了させることができることにもよる。この虫は、正確に九百五十九個の細胞からなるが、いうまでもなくそれは一個の受精卵が分裂して九百五十九個にまでなるわけである。エレガンス線虫の体はほぼ透明なので、その分裂の様子は、特殊な顕微鏡を使えば生きたまま逐一観察することができる。そのため、二つに分裂したときのどちらの細胞からどういう経路をたどって、成虫のどの細胞ができるのかが完全に解明されているので、成虫の細胞の分化の完全な系譜まで作ることができた（図9）。この図はもとの論文では雑誌の十二ページにわたる膨大なものだったが、細胞の名前などは省略してある。

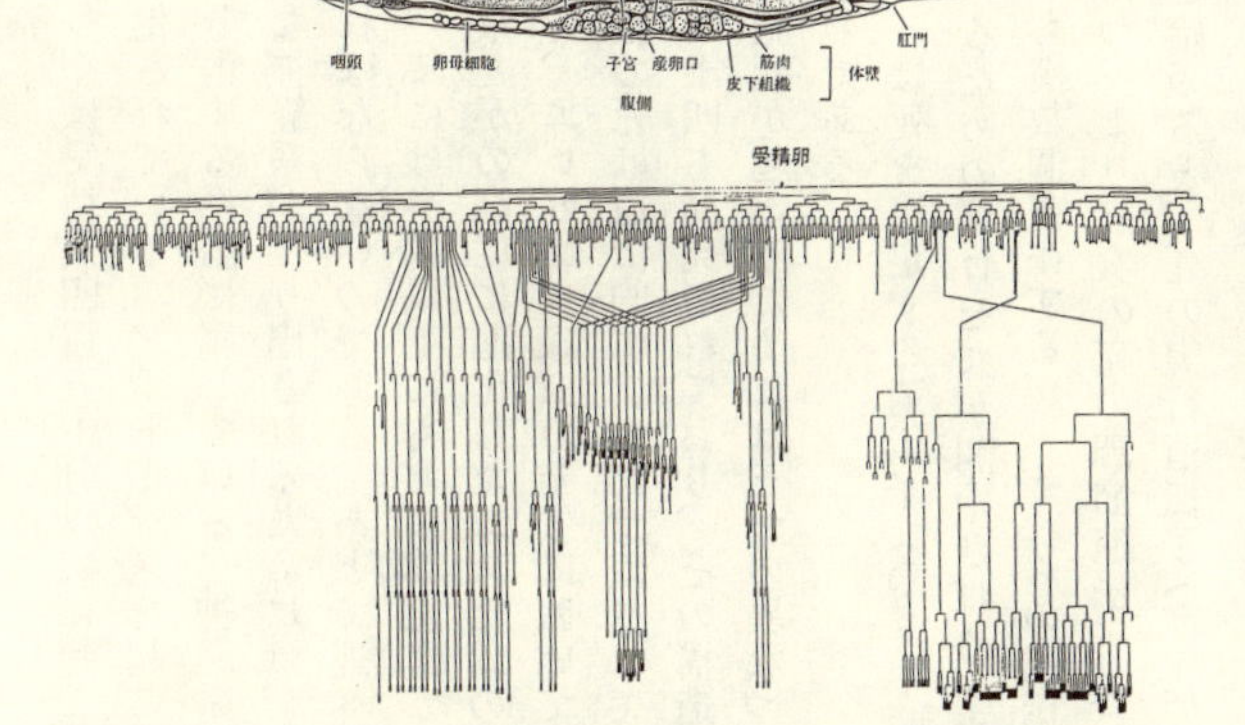
1.2 mm
背側
前部
小腸
精子
卵
生殖巣
後部
肛門
咽頭
卵母細胞
子宮
産卵口
筋肉
皮下組織
体壁
腹側
受精卵

図9　線虫（上）と、その全細胞の系譜（下）。959個の細胞からなる線虫は、1個の受精卵が分裂することによって作り出される。線虫では、成虫のどの細胞が、どのようにして作り出されてきたのか、さらにどの細胞が発生の途中で死ぬかという細胞の系譜や運命が完全にわかっている。垂直の線はそれぞれ1個の細胞を示す（S. F. ギルバート著、塩川光一郎他訳、『発生生物学──分子から形態進化まで(中巻)』、303頁、株式会社トッパン、1991年より）。

この虫は雌雄同体で、どの虫も卵と精子の両方を持っており、交尾による他家受精と、自分の精子による自家受精の両方を行うことができる。シドニー・ブレンナーという有名な英国の分子生物学者が、エレガンス線虫にぞっこん惚れこんで、大がかりな国家的な研究計画を推進したのもむべなるかなという感がする。

ところで、この線虫が、一個の受精卵から九百五十九個の細胞よりなる成虫に成育してゆく途中で正確に百三十一個の細胞がアポトーシスによって死ななければならない。

その多くは受精後四百五十分以内に起こる。死んだ細胞は周りの細胞にすばやく飲み込まれて消化されている。アポトーシスを起こす百三十一個の細胞のうち百七個は、神経細胞の方向に分化する系譜に属している。神経系の細胞は最終的には三百五十九個である。すなわち完全な神経系が作り出されるためには、約三分の一にもおよぶその系統に属する細胞が死ななければならないのである。あとで述べるように、高等動物の脳神経系の発生でもきわめて多数、時には半数以上にもおよぶ細胞が死んでゆく。発生過程での細胞死が、脳神経系とか免疫系とかの高度に進化したシステムの成立のために必要であることは注目に値する。

さて、エレガンス線虫の発生において、死ぬ運命にある細胞は前もって決まっている。この細胞の死は遺伝的にプログラムされているのだ。しかも、この死をプログラムしている遺伝子が十四も発見されており、その構造もわかっている。

細胞死が起こるためには三つの異なった段階があり、それぞれの段階で働く遺伝子が存在するのである。

第一は死を決定する遺伝子（*Ces–1*、*Ces–2* など）で、これらが働き出すと、細胞死を実行するためのプロセスが開始される。実際に細胞死を実行する遺伝子（*Ced–3*、*Ced–4* など）も複数個存在するが、それらの遺伝子のスイッチをオンにしたりオフにしたりする働きを持つ、より高次の死の調節遺伝子（*Ced–9*）もあることがわかっている。この *Ced–9* が働き始めると、死の実行遺伝子 *Ced–3*、*Ced–4* などはオフにされて細胞は死ななくなるのである。*Ced-9* がオフになったとき初めて死の実行遺伝子が働き始め、細胞は死に至る。すなわち線虫における細胞の死は、二重三重に統御された遺伝子の経時的なオン・オフによって決定されているのである。しかも最も重要な調節遺伝子 *Ced-9* は、基本的には細胞死を起こさせないように、負に統御する遺伝子であった。これが働かなくなると細胞は死を決行してしまう。いずれの死の遺伝子においても、突然変異や過剰の発現が起こると、正常なら生き残るべき多くの細胞が死んでしまったり、死ぬべき細胞が生き残って線虫は正常な発生をすることができなくなって、形の上での異常を来す。

死の遺伝子は線虫だけのものではなく、同じような遺伝子が人間でもみつかっている。細胞死の鍵を握る *Ced-9* 遺伝子に非常に構造が似ている遺伝子が人間にも存在する。これは *bcl-2* と呼ばれる癌遺伝子で、片方の染色体でそれに異変が起こると細胞が癌化することがわかっている。癌細胞はアポトーシスを起こしやすい細胞であるが、アポトーシスを抑えるこの *bcl-2* 遺伝子の過剰発現が、無制限の増殖能力を持つ癌の発生と関係があったことは注目に値する。

bcl-2 はもともと、人間のB細胞リンパ腫という悪性腫瘍で見つかった遺伝子で、この癌になった細胞では *bcl-2* の発現が高くなっている。そのためこの癌細胞では死が抑制されて、無限の増殖能力を持つようになったとも考えられている。ある種の癌ウイルスは *bcl-2* とよく似た遺伝子を持っており、同じようにして感染した細胞を不死化することによって癌

化させる。

自殺する細胞

線虫や昆虫、さらには脊椎動物の体の形作りに、プログラムされた細胞死が必須であること、さらには、性の決定や癌化にもそれが関係していることがわかったが、もうひとつ重大なことは、脳神経系と免疫系という、最も高度に進化した生命システムの成立のためにも細胞死はエッセンシャルな役割を果たしていることである。

脳神経系は、ニューロンと呼ばれる神経細胞が突起を伸ばしてつながり合い精緻な回路網を形成することによって成り立つ。この回路にはいかなる過ちも許されない。どんな高級なコンピューターでも、ちょっとした配線ミスがあれば致命的な間違いを起こしたり独走してしまったりするのと同じだ。

ニューロンは神経線維という突起を伸ばしてお互いにつながり合い、情報を伝達するための連結構造（シナプス）を形成する。神経線維の末端は、筋肉とか、皮膚とか、消化管などにつながりそこからの刺激を脳に伝える役割を果たす。一方、筋肉に対して収縮や伸張といった運動を実行させる指令もニューロンを介して伝えられる。私がこうしてペンを動かすためには、莫大な数のニューロンが忙しく働いて、最終的に紙の上に線の軌跡としての文字が描き出されるわけである。ニューロンのつながりにひとつでも誤りがあっては文章など書けない。

どのようにしてそんな正確な回路網が形成されるのか。ここでも細胞の死が鍵を握っているらしい。

受精卵から発生が起こり、やがて神経細胞が発生するというところまでは、基本的な遺伝的な設計図に従って行われる。しかしニューロンがどのようにつながり合ってどんな回路を形成するかという段階では完成した設計図が決まっているわけではない。そこには、多分に偶然性が入り込んでくるのである。

脳神経系が形成されるときには、一般にニューロンはやがて必要とされる以上に過剰に作り出される。それが神経線維を伸ばしながらシナプスを形成してゆくのだが、その神経線維の末端が目的とする細胞、たとえば筋肉に結合するまで、神経線維はしばしば手探りのようにあちこちの細胞に触れながら伸びてゆく。そして目的とする筋肉の特定の位置を見つけ出すと、そこへの結合が完成されてニューロンの伸長は止まる。もし神経細胞が、結合すべき相手のニューロンや筋肉などに正確に到達できなかった場合は、その神経細胞は死んでしまう。余分な細胞の多くは、さまざまな試行錯誤ののち、間違って結合したものや重複したものは殺されてしまうのである。こうした淘汰が起こることによって正確な回路網が最終的に形成されることになる。

たとえば痛みや触覚を感じる知覚神経の場合には、脊椎の後根から出るニューロンの数は将来使われる数のおよそ二倍もあるが、シナプス形成に失敗したり過剰に結合してしまったニューロンは死んでしまい、約半分の正確な回路を作った細胞だけが生き延びて、一生そこで働き続けるのである。

どうして成功した細胞が生き残るのかというと、結合した相手の細胞から、神経成長因子（NGF）という広い意味でのサイトカインが与えられるからである。この因子は一種の栄養因子として働いてニューロンの生存を助けるのである。神経成長因子をもらうことができなかった細胞は栄養が足りず死ななければならない。この死に方がアポトーシスなのである。

サイトカインについてはこれまでも再々述べたが、基本的には、さまざまな細胞が作り出すホルモン様の活性物質で、他の細胞の成長、増殖、分化、運動などを引き起こす複数の物質群を総称している。

じっさい、神経細胞をシャーレの中で培養する時に、神経成長因子を入れてやると神経線維が伸びてゆくのが見られるが、それを除くと細胞は死んでしまう。

しかもその死に方がいかにも異様なのである。酸素を断たれた細胞が窒息して死んでしまう時は、細胞は膨らんで、エネルギー代謝に関係のあるミトコンドリアなどが変化を起こし、細胞膜が破壊されて死ぬのだが、神経細胞が成長因子を失って死ぬときは、まず細胞の核が縮小して核の構造が曖昧になるのが特徴で、細胞そのものの構造の破壊はずっと後になって起こる。まずＤＮＡを閉じこめている核から死んでゆくのだ。

この時、細胞のタンパク質合成などの生理的な働きを停止させてやると、細胞は逆に死ななくなってしまう。どうやら細胞は、自ら、自分を殺すためのタンパク質を合成して、自殺してゆくらしいのである。タンパク質を合成するためには遺伝子が働かなければならない。神経細胞がアポトーシスによって死ぬためには、死の遺伝的プログラムが作動して、積極的に自分を殺すタンパク質を作っていることによるのだ。そういうタンパク質としては、ＤＮＡ分解酵素がある。

じっさいアポトーシスを起こした細胞からＤＮＡを抽出してみると、長いＤＮＡがズタズタに切断されているのがわかる。自らＤＮＡ分解酵素を働かせて、自分の生命の設計図であるＤＮＡを約百八十文字ごとの単位（これをヌクレオソームと呼ぶ）で分断してしまうのである。

死を介した「自己」形成

このようにして精神的な「自己」を決定する脳神経系が形成されるためには、「自己」の全体性からはみ出した細胞を積極的に「自殺」させるという営みが行われていることがわかった。結果として成立した脳神経系が、いまのところどんな精密な機械も及ばない精緻な機構を持つ「自己」を形成し、「自己」らしさを創出し存続させているのは、それを疎外するような細胞を積極的に死なせているからなのである。いったん正確な回路が形成されて脳神経系が確立すると、その「自己」は、基本的には一生変わることなく維持されることになる。

その理由は、脳神経系の細胞、ニューロンは、回路が形成されてアポトーシスを免れると、その後一生分裂することなく生き続けるからである。免疫や血液の細胞と違って、死んだら二度と再生することがない。

しかし、その神経細胞も、人間では二十歳を越えるころから毎日十万個を越える数が死んでゆく。その多くは寿命が来て死んでゆくと考えられるが、これもアポトーシスのひとつの形とされている。寿命によるアポトーシスがどのようにして起こるのか、そのメカニズムはまだよくわかっていない。

それに対してアルツハイマー病は、高度の思考能力に関与する大脳皮質の神経細胞が大量に進行性で死滅してゆく病気である。アルツハイマー病での大量のニューロンの死も、アポトーシスによるのではないかと考えられている。この病気では、βアミロイドというまだ働きが不明のタンパク質が作り出されて脳に沈着してゆく。このβアミロイドは、試験管内で培養したニューロンに加えると死を誘導する。これがアポトーシスらしいことは、ニューロンのタンパク質合成を抑えることによって阻止することができることからも知られる。アルツハイマー病は、脳神経細胞の「自死」によって進行する病気らしい。

もう一つの身体の「自己」を決めている免疫系が成立する過程でも、同じような細胞の「自死」が頻発していることがわかっている。免疫というのは、「自己」の中に侵入してきた、病原体などの「非自己」を発見して排除するシステムである。しかしもし間違って、「自己」の成分を「非自己」と誤認してしまったら、「自己」を排除するような反応が起こり、個体の「自己」そのものが危うくなる。その結果として自己免疫疾患という恐ろしい難病が起こる。いまのところ自己免疫病の多くは不治である。

このような「自己」の排除という矛盾した反応が起こらないように、免疫系は二重三重に防衛網を張りめぐらしている。まず第一に、免疫細胞が体内で生まれたときから、「自己」と反応する細胞を排除する戦いが始まる。その主要なやり方は生まれてきた細胞に「自死」を起こさせることである。

さきに述べた通り、「自己」と「非自己」の識別の中心的役割を担うのはT細胞と呼ばれる免疫細胞である。T細胞を作り出す臓器が胸腺である。胸腺の中で、さまざまな異物に対する反応性を持つT細胞が、毎日莫大な数生産される。T細胞が何と反応するかを決めているのはT細胞抗原受容体（TcR）という細胞の表面にあるアンテナのような分子である。免疫系があらゆる「非自己」を発見し識別するために使っているTcRというアンテナが持っている多様性が、複数の遺伝子のランダムな組換えによって作り出されることはすでに述べた（第二章「思想としてのＤＮＡ」参照）。何分にもランダムな遺伝子断片のつなぎ換えで構造が決まるのだから、作り出されたTcRが何と反応するかはもともと予測できない。

そこで胸腺では、作り出されたＴ細胞の反応性を厳格にチェックして、「自己」と反応して「自己」を傷つける恐れのある細胞を排除してしまうのである。その目的のために胸腺はメッシュ状の迷路を作って、そこに「自己」抗原のひと揃いのサンプルを提示しておく。生まれたＴ細胞はこのメッシュの間隙を通ってゆくが、その間に「自己」と反応する受容体を持ったものは、「自己」のサンプルと反応してしまう。この反応が起こると、Ｔ細胞の中でアポトーシスの遺伝子が働き出して、細胞は次々に自死してゆく。こうして「自己」と反応する細胞は「胸腺」という密室の中にいる間に自殺してしまい、「自己」とは反応しない無害な細胞だけが生き延びることになる（図10）。

しかし、無害といっても、何の役にも立たない細胞も不要である。胸腺の中では、「自己」の内部に「非自己」が侵入したとき、それを察知して排除作戦に参加できないような無意味な細胞も除かれる。認識能力がないことが証明された細胞では、生存のために必要なサイトカインなどの刺激を受ける受容体が作り出されず、そのためＤＮＡの断裂を起こして自殺してゆくのである。この過程は神経成長因子の刺激を受けることができなかったニューロンが自死してゆくのに似ている。

この二段階の淘汰を受けて、なんと作り出されたT細胞の九十五パーセント以上もの細胞が胸腺を出てゆくことなしに死んでしまう。選び出された五パーセント以下の精鋭の細胞があらゆる「非自己」を識別し、「自己」を守る戦いに参加することになる。

免疫系では、さらにもう一段階の死の作動による「自己」反応性の回避があるらしい。最近になって胸腺内での「自己」「非自己」の識別の決定がそれほど厳格なものではないことが明らかにされている。それでは胸腺でのチェックを免れて体の中を循環し始めた「自己」反応性のT細胞は、どのようにして自己破壊を回避することができるのか。さまざまな学説や実験があるが、注目されているのは、そうしたT細胞が体の中で「自己」と反応してしまったときには、相手の細胞を殺すのではなくて逆に自分の方が自死してしまうという考えである。

こんな事実がわかっている。もともとは偶然に発見されたT細胞表面のタンパク質であるFasと呼ばれる分子は、それに対する抗体で刺激

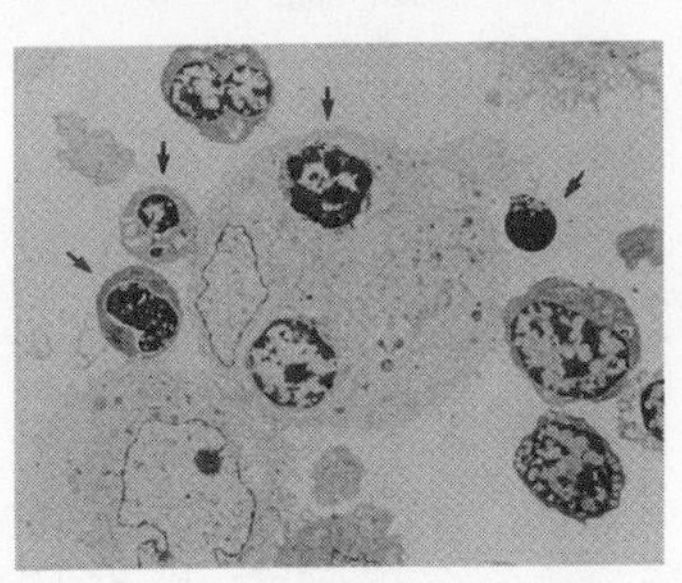

図10　胸腺内T細胞のアポトーシス。中央の大型の白い細胞が胸腺上皮細胞でその表面にはMHC分子（165頁参照）が発現している。上皮細胞に接触して反応性を試されたT細胞のうち、MHCと強く反応した細胞や、反応性を全く欠く細胞はアポトーシスを起こして自死してゆく（矢印）。細胞の核の構造が破壊されて黒くなっているのがアポトーシスの特徴（北条憲二、平峯千春提供）。

すると、細胞が典型的なアポトーシスを起こして死んでしまうことがわかった。つまりFasはアポトーシスを起こさせるための「死」の受容体だったのである。この死の受容体Fasの遺伝子に変異を持っている動物では、死を免れた特殊なT細胞が増え、その中には「自己」と反応する細胞もあるらしくて、自己免疫病が起こることがわかった。

胸腺内での自死を免れた自己反応性のT細胞があるといったが、こういう危険な細胞もFasを介して自己破壊を回避する。自己抗原の刺激を受けてしまった血液中のT細胞は死の受容体であるFasタンパク質を細胞の表面に多く持つようになり、Fasを介した刺激が起こって細胞は自殺してしまう。

死の受容体があれば、それを刺激する「死の因子（デス・ファクター）」もあるはずである。実際、Fasと結合する能力のある分子が同定されている。これまでにサイトカインが「成長因子（グロース・ファクター）」として神経細胞などの生存のために働くことを述べてきたが、Fasに結合する分子は「死の因子（デス・ファクター）」として、Fasを持っている細胞に働いて、細胞を死に至らしめることがわかってきた。

免疫反応が必要以上に長く続くのは生体にとって不都合である。抗体とかサイトカインとか危険性を秘めた物質が作り続けられるからである。最近の研究では、免疫反応をすでに起こした細胞は、Fasタンパク質を表面に多量に持つようになって、そこに死の因子（デス・ファクター）が作用して自殺してゆくことがわかった。役割を終えた細胞は、こうして舞台から消え去り、免疫反応という劇は終わる。

ちなみにFasタンパク質は、神経成長因子に対するニューロン上のレセプターのひとつと、タンパク質の構造がきわめてよく似ている。また癌細胞が免疫の機序で殺されるときにも、癌細胞の上にあるFasタンパク質とT細胞上の死の因子（デス・ファクター）の反応が関係していることが最近わかってきた。

死の因子（デス・ファクター）の方は、一般には細胞の表面にあって、自分を殺しにくるような細胞上のFasに働いて逆に相手を自殺させてしまうのだ。この二つの分子「死の因子」と「死の受容体」の発現を調節し合いながら、細胞の共同体の平衡が保たれていると考えることもできよう。

死の意味

脳神経系、免疫系というような、個体の「自己」を決定し、その「自己」の生存に必須なシステムが成立するためには、細胞の「死」が必然的にプログラムされていなければならなかった。個体の「生」を保証していたのは細胞の「死」のプログラムであった。

死をプログラムする遺伝子が存在していたことは、もともと細胞は死すべき運命を持って生まれてきたことを示している。また死のプログラムに対してそれをオンやオフにする遺伝子が存在していることは、死というものが高度に調節された生命現象であることを示している。生命のアンビバレンツが見えてきたのだ。

アポトーシスによる死は、受動的なものではなくて、「自死」とでもいうべき積極的なものであった。アポトーシスを、「自爆死」とか「自殺」とかと訳している人もいる。アポトーシスを起こすための多くの遺伝子が用意されていたことは、この現象が生物の生存にとって必須のものであったことを示す。しかもそれは進化の過程で線虫から人間にいたるまで保存されてきた。生きるための装置のほかに、死ぬための装置も進化し続けてきたことがわかる。

死を実行するためには、まず死を決定する遺伝子が働き、死を執り行うタンパク質の新たな合成が行われなければならない。細胞は、自らの設計図であるＤＮＡを切断して死んでゆく。それによって逆に、脳神経系や免疫系などの高度の生命システム、私が超（スーパー）システムと呼ぶものが保証されていたのであった。

死の生物学は、いまブームを迎えつつある。不死の細胞である癌の発生。エイズにおける免疫細胞の際限ない死。アルツハイマー病での中枢神経系の進行性の死など、いずれもアポトーシスが鍵を握る重大な病気である。

人間のゲノムの中に、個体を構成する細胞の死のプログラムがこれほどまでに明確な形で存在していたという事実は、生命観そのものにも影響を与えるであろう。生命はもともと死すべきもの（モータル）として生まれてきたのである。

ところで、私がこの本で試みようとしているのは、個体の生命現象を眺めながら、より高次の生命活動としての文明、都市や言語、経済活動をも「超（スーパー）システム」として考えてみることである。文明というものが、人間という個体によって成立する生命活動だとすれば、個体の死もまた、より高次の超（スーパー）システムの成立のために、もともとプログラムされているのかも知れない。「超（スーパー）システム」の中での死の位置づけは、さまざまな文化現象の成立と崩壊を考える鍵となると思われる。

第五章　性とはなにか

あいまいな性

この本の目的のひとつは、「自己」というものを持った「超(スーパー)システム」として人間を位置づけ、その本性を生物学の立場から捉え直そうというものである。

人間が「自己」について考えるとき、基本的な属性としての「性」を避けて通ることはできない。私たちは、自分が男であるか、女であるかをまず考える。性は「自己」を規定するきわめて重要な要素である。また、ミシェル・フーコーが『性の歴史I〜III』（渡辺守章他訳、新潮社、一九八六〜八七年）で説いているように、性の営み自体が、きわめて自己言及的なものである。性を考えることは「自己」を考えることでもある。

セックス（sex）というのは、別けるという意味のラテン語 secus から来ている。人間のような哺乳動物では、男女という区別が自明のことのように存在している。

ところが性の明確な区別を常時持っている動物は、自然界ではむしろ限られている。第三第四の性を持っている動物もある。多くの下等動物は雌雄同体であり、精巣と卵巣の両方を持っている。自家受精のほかに交尾して受精する場合は、どちらの性としてでも働くことが可能である。もっと高級な脊椎動物でも魚類では雌雄同体のものがかなりあるし、自然な性の転換も起こっている。たとえばベラという回遊魚の仲間では、雄一匹に対して多数の雌がいて、ハーレムを形成しているが、そこから雄を除いてしまうと、数時間後には最も勢力の強い雌が、雄のような行動を示すようになる。数日後には精巣が形成されて本当の雄になってしまう。クロダイでは若い間が雄で、年をとると雌になってしまう。同じ個体が、冬の間に精巣を退化させ、次の春には卵巣を発達させて、雌になってしまうのである。

爬虫類では、カメやワニなどは、卵が孵化する時の温度によって性が決定される。温度が二十二〜二十七度位の低温で生まれたカメは全部雄であるが、三十度以上の高温ではすべてが雌になってしまう。逆にミシシッピーアリゲーターというワニでは、三十四度以上の高温で孵（かえ）ったものはすべて雄になってしまい、三十度以下の条件ではすべて雌になってしまう。そのため、土手の上に作られた巣からは雄が生まれ、低温の湿地の巣からは雌が生まれる。自然界では雌雄の差はかなりファジーに作り出されているのである。

人間でも、性別は本当に自明であろうか。人間を含む哺乳動物では、出生時に外性器の形から男か女かが決められる。外性器の形だけから、本当に男か女かを確定できるのだろうか。それは単に、男として、あるいは女として育てるための条件に過ぎないので、実際には外性器が女のような形をした男性も、その逆のケースもしばしば認められる。

一方、男女というのは遺伝的に、したがって外見とは別に決定されていると考える立場もある。人間は二十二対の通常の染色体と、性に関係のある一対二本の性染色体を持っている。女はX染色体を二本持っているのに対して、男はX染色体一本とY染色体一本を持っている。したがってXXは女、XYは男というように遺伝的に決まっている。

しかしあとで述べるように、XXで男になっている例もあるし、XYの女性も存在する。人間の性は遺伝的に一義的に決定されているわけでもない。

人間のもっと高級な性的同一性（アイデンティティ）は、単に外性器の形を含む身体的特徴からだけでは決定されない。自分を女性と意識している男性も数多いし、女性でありながら社会的には男性として暮らしている人もいる。身体的に決定されるセックスに対して、精神的、社会的な性の同一性（アイデンティティ）をジェンダーと呼ぶが、こちらの方は基本的に脳で決定される。ジェンダーは、個体の社会的行動様式によって決まる。

このように、個体の性は決して一義的に決まるものではない。その境界にはあいまいな部分がある。そうだとすると、あなたは本当に男だろうか、女だろうか。絶対にそうだと言い切れるだろうか。

遺伝的な性の決定

男と女は、生殖における役割が違うだけではなく、さまざまな点で生物学的な差を持っている。たとえば日本では、平均寿命が女の方が男に比べて六年も長いし、リウマチ性の疾患などは女性の方がずっとかかり易い。古来、男性的な行動力とか女性的な優しさというものが漠然と受け入れられていた。そうした違いもまた、社会的な男女の位置づけだけでは説明のつかない生物学的な違いである。

遺伝的な男女の性はどのようにして決定されるのか。先に述べたように、人間の染色体は二十三対で、うち二十二対は性に関係なく男女共通に持っている常染色体である。残る一対が性決定に重要な役割を果たす性染色体である。女性はX二本、男性はX一本とY一本である。

すぐに浮かんでくる疑問は、男はXが一本しかないから男なのか、Yがあるから男なのかという疑問である。ところがXが一本でYがない遺伝的な疾患、ターナー症候群というのがある。X一本だけでも生存に支障はなく、性としては女性になることがわかったのである。男になるためにはYが必要らしい。

それでは、Yはどのようにして男を作るのだろうか。Y染色体はX染色体に比べて著しくサイズが小さい。全部の染色体の中でも最も小さい。しかもY染色体上に配置されている遺伝子の数もきわめて少数で、かなりの部分が無意味な反復配列であることがわかっている。それに対してX染色体の方は非常に大きく、生存のために必須な重要な遺伝子が目白押しに並んでいる。血液凝固の遺伝子、色覚の遺伝子、免疫細胞を作るのに必要な遺伝子などいずれも重要な遺伝子である。X染色体を少なくとも一本持っていなければ生まれてくることさえできないことがわかっている。どうやら、Y染色体の方は他には重要な役割がなく、なんとかして男というものを作り出すためにだけ存在しているという印象を受ける。

その貧弱なY染色体の研究が進んで、男を作り出す遺伝子が決定されたのは一九八〇年代後半である。精巣決定因子（*Tdf*）と呼ばれる遺伝子で、この遺伝子を含むY染色体の一部（SRYと呼ばれる）が欠損すると、睾丸が作られず、男になり損ねる。またその部分がX染色体に転座したのを受けついだXXの胎児は、女ではなくて男になってしまう。XX男性の誕生である。

人間の胎児は受精後七週くらいまでは、まだ男でも女でもない状態、あるいは女でも男でもある状態である。それは、男にも女にもなれるような重複した生殖器官の原基を持っているからで「性的両能期」とも呼ばれる。その時期の生殖器官というのは、やがて男性生殖器になるウォルフ管と、女性のそれのもととなるミューラー管で、その両方を持っているのである。

八週目になって、やっと男性への分化が始まる。精巣すなわち睾丸が生まれるのである。このときY染色体上にある数少ない遺伝子のひとつ、精巣決定遺伝子 *Tdf* が働くと考えられている。この遺伝子の働きについてはあとで述べるが、哺乳類の性決定の方向づけの最初の段階で働くほとんど唯一の遺伝子である。

九週になると、作り出された精巣から抗ミューラー管因子というホルモンが分泌され、女性生殖器に分化するはずのミューラー管に働きそれを退化させてゆく。この退化は前章で詳しく述べたプログラムされた細胞死、すなわちアポトーシスによるもので、ミューラー管は不可逆的に消失してゆく。ミューラー管が退化するとはじめて、今度は男性の輸精管のもとであるウォルフ管の方が発達を始める。ミューラー管の積極的な退化がなければ輸精管は発達できない。輸精管が作られる途上で精嚢とか前立腺などの男性の器官が作られてゆくのである。

ミューラー管を退縮させる抗ミューラー管因子が働かなければ、ウォルフ管があろうとなかろうと、あるいは特別なホルモンが働かなくてもミューラー管の方は自然に輸卵管、子宮、膣などの女性生殖器官を形作ってゆく。

したがって、人間はもともと女になるべく設計されていたのであって、Y染色体の *Tdf* 遺伝子のおかげで無理矢理男にさせられているのである。人体の自然の基本形は、実は女であって、男はそれを加工することによって作り出されるわけである。

Y染色体上の*Tdf*遺伝子がこの時何をやっているかというと、精巣内部で抗ミューラー管因子を作り出すのを促進するように働いているのだ。さらに睾丸が作り出す男性ホルモン、アンドロゲンは、放っておくとアロマターゼという酵素の作用で女性ホルモンに変わってしまうのだが、*Tdf*遺伝子の産物は酵素遺伝子の働きを負に調節することによってアンドロゲンを男性ホルモンのまま引き留めておくように働く。

なんと回りくどいやり方で、脱女性化という方向転換をしていることか。Y染色体はこうしてやっとのことで男を作ることに成功するのである。この過程で障害が起これば、みんな女になってしまう。

それに対して、形も大きく数多くの重要な遺伝子が配置されているX染色体は生存のため必須である。女にはXが二本あるが、一般にはその片方だけが働けば支障をきたさない。男はX染色体が一本しかないので、そこに遺伝的な欠陥があるとそのまま障害となって現れる。さまざまなX染色体上の遺伝子異常が、男性では現れるが、女性では現れないのはそのためである。

XXの女性では、何ひとつ面倒なことなしに、特別なホルモンが働くからというわけではなくて、ミューラー管は自然に輸卵管に向かって発達し、女性の生殖器官を完成してゆく。その間にウォルフ管の方も特別なホルモンが働くことなしに自然に退化してゆく。女性の方が基本形であるといったのは、そういう理由からである。

男性の方はこうしたやっかいな手続きの末に、ようやく男になることができるのである。この複雑な手続きにはさまざまな手違いが生じうる。その結果として、さまざまな形であいまいな性が作り出される。

たとえば副腎皮質ホルモンの合成に関わる酵素の異常がある人では、胎児期に、代償性に肥大した副腎皮質から男性ホルモンが分泌される。するともともとはＸＸの女性であっても、男性のような外性器を持つようになる。たいていは男の子として育てられる。流産防止のために大量のホルモンを投与された場合にも同様のことが現れる。

一方、ＸＹの遺伝子型を持って、睾丸が形成されているのに、女性のからだを持っている人もある。睾丸性女性化症と呼ばれている状態で、男性ホルモンであるテストステロンは正常に分泌されているのに、それを感知する受容体がないのである。Ｘ染色体の上にあるとされるアンドロゲン受容体遺伝子に異常があるために、分泌された男性ホルモン、アンドロゲンが働くことができない。そのために、外性器は男性化できずに、女性の方へと分化し、睾丸が股の付け根に隠れているほかは女性の形となる。ふつうの女性でも少量ながら男性ホルモンが分泌され、その影響を受けているのに、睾丸性女性化症では、男性ホルモンが全く働くことができないわけだから、なみの女性よりはるかに女性的な女性の体が作り出される。こうした人は、もともと女性として育てられ、女性としての同一性(アイデンティティ)を持つ。ただ月経を伴う性周期がなく、妊娠することは不可能である。

一九八五年のユニバーシアード大会で、この状態の女性選手が失格とされたことがある。長い闘いの末にこの偏見は覆され、彼女は女性選手として復権した。女性選手の場合は、千人に一人位の割合でこの状態がみられるという。

私の友人の産婦人科医に聞いたところでは、こういう例は日本の女性でも五万人に一人ぐらいの割にあって、疑いようのない女性的な行動様式を身につけている。その場合たとえ睾丸性女性化症という診断がついても「あなたは実は男性です」などという残酷なことは決していわないそうである。彼女らは通常幸福な女性として一生を送る。

脳の性

これまで述べたように人間の性的同一性（アイデンティティ）は遺伝的にも、外性器の形を含む身体的特徴でも一義的には決まらない。しかし、人間は、自分がどちらの性に属しているかを何らかの形で確認している。それは、脳がいずれかの性行動を作り出し、それを確認しているからである。男の脳と女の脳はどう違うのだろうか。

雌の動物には、雄にはない性周期というものがあって交尾行動や排卵などは、この性周期に一致して行われる。雄の動物の方は、性周期などなしにいつでも交尾可能である。交尾の前段階には、雄はマウントという雌にのしかかるような行動を起こす。雌は、それを受け入れるようなロードーシスという尻を突き出すような行動を起こす。性周期も性行動も脳によって引き起こされるので、雄の脳と雌の脳の間には差が存在するだろうと考えられてきた。実際出生直後の雌ラットに男性ホルモンを投与しておくと、成熟した後でも性周期が起こらなくなるし、ロードーシスも起こさなくなる。脳の発達のある時期に男の脳と女の脳は分かれてゆくらしい。

脳の男性分化が始まるのは、妊娠八週ごろ、すなわち精巣が形成されて、そこから男性ホルモン、アンドロゲンが分泌されるころからと考えられている。作られたアンドロゲンは血行を介して脳に至り、発生途上の脳に、不可逆的で決定的な変化を作り出して、男の脳を作り出すものとされている。このアンドロゲンの脳への作用は、繰り返し妊娠六ヵ月ぐらいまで続くが、脳の発達の一定の時期（臨界期）までに、このアンドロゲンにさらされることがなければ、遺伝的な性とは関わりなく、いずれの脳も女性の脳へと分化してしまう。

ラットのような実験動物で、妊娠後半期から出生直後にかけて、男性ホルモンの作用を低下させるような処置をしておくと、もともと雄であるラットが雌と同様の性行動を示すようになる。そういう動物に卵巣を移植すると、排卵や性周期を持つようになり、雄を受け入れるロードーシスを示すようになる。

逆に、妊娠後期から生後にかけてアンドロゲンにさらされた雌ラットでは、性周期も現れず、ロードーシスも起こさない。たとえ女性ホルモンを投与しても、もはや女性化することは不可能である。

性周期をもたらす性腺刺激ホルモンの分泌は、脳の特定の部位の神経細胞で制御されている。脳の下面に位置する視床下部と呼ばれている部分がある。視床下部というのは間脳の一部にあって、さまざまな自律神経機能の中枢として知られている。進化的にも非常に早くから発達していた「古い脳」と呼ばれている部分である。体温調節、内分泌、情動、本能などの重要な働きに参加している。そこには多数の神経細胞が集まっているいわゆる神経核がいくつも存在し、それぞれの働きが現在精力的に研究されている。

性的同一性（アイデンティティ）を決め、脳の性差を示す部位は、性周期や性行動に関与する視床下部や、それを囲むかなり広範な大脳辺縁系にあると考えられている。形の上で最も大きな差を示すのは視床下部の内側視索前野という部位の神経核であるといわれている。神経核というのは、神経細胞が寄り集まってかたまって存在する部位で顕微鏡で見ることができる。調べてみると、雄ラットの内側視索前核の体積は雌ラットの九倍もあったのである。さらに雌ラットに男性ホルモンを投与すると、この神経核の体積が大きくなった。逆に雄ラットを去勢すると、明瞭に小さくなることがわかった。

男の脳というのは、この領域の神経回路網が作り出される妊娠三ヵ月から七ヵ月ぐらいのところに、男性ホルモンが働きかけることによって、内側視索前核を中心とする男の脳の神経回路網が作られてゆくものと考えられている。一方、男性ホルモンという特殊なものが存在しない条件でも、脳そのものは正常に作り出される。それが、女の脳である。

こうして発達途上の一定の時期に、脳に男性ホルモン、アンドロゲンが作用すると、脳は男性化することがわかった。そのクリティカルな時期は人間では、妊娠五ヵ月から八ヵ月ぐらいであろうとされている。それに対して女性では、男性ホルモンがない中で自然に発生して女性の脳ができる。ここでも男性の脳は、女性の脳を加工して作り出されることが示されたのである。

同性愛の生物学

脳の性が胎児期にアンドロゲンにさらされることによって確立するのだとしたら、性的同一性（アイデンティティ）に変化がある同性愛ではどうだろうか。同性愛は、これまで心理学的原因、あるいは生活環境における人間関係によって生み出されるとされてきた。

ところが、人間以外の動物の同性愛的行動が明らかにされてくると、一部の動物の同性指向は遺伝的に決定されていることがわかってきた。たとえば、ショウジョウバエではひとつの遺伝子の変異で雄が雌と交尾しなくなる例が見つかった。この遺伝子を、対となる二つの染色体に持っている雄は雌を忌避し、雄の特徴を持ったハエにマウントするので子孫を残すことができなくなる。

一九九一年八月のアメリカの科学雑誌『サイエンス』にきわめてショッキングな報告が掲載された。カリフォルニア州ソーク研究所のシモン・ルヴェイ博士の論文である。

彼は、エイズで死んだ十九人の明確な男性同性愛者の脳を、同じくエイズで死んだ人たちを含む十六人の異性愛の男性、および六人の女性の脳と比較したのである。

ルヴェイはすでに、動物実験から従来疑われていた視床下部の変化に注目し詳細な比較を行った。視床下部は、すでに述べたように脳の下面に近い間脳の一部に位置し、自律神経系、物質代謝系の調節のほかに、情動や本能の中枢としても働く重要な領域である。下には脳下垂体があって、神経内分泌系の中心でもある。視床下部は、前部と後部にわかれ、いくつかの神経核を持つ。ルヴェイが注目したのは視床下部内側核と呼ばれている部分で、そこには四つの神経核がある。

視床下部は右脳にも左脳にもあるので、一つの脳で、左右それぞれのサンプルを計測することができる。ルヴェイの取った方法は著しく簡単なもので、それぞれの脳から視床下部の厚さ三ミクロンの標本を作り、四つの神経核の大きさを測定するだけである。こうして大きさを比較してみると、四つの神経核のうち三つ、INAH1, 2, 4と呼ばれる部分には全く差が認められなかった。

ところが第三の神経核、INAH3では著明な差が認められたのだ。まず、ヘテロセクシアルの男性のINAH3は女性のそれの二倍以上もあった。ホモセクシアルの男性のINAH3の大きさは、ヘテロセクシアルの男性のそれの二分の一以下、つまり女性のそれと等しかったのだ。

この事実は、脳の中で男女差すなわち性的な二型性を示すのは視床下部のINAH3という神経核であること、男性同性愛者でINAH3が女性型を示すことは、性的なオリエンテーション（方向づけ）が、この神経核に依存しているらしいことを示す。しかも、やや詳細にINAH3を顕微鏡で観察すると、ヘテロセクシアルの男性のそれが大型の神経細胞で埋まっているのに対し、女性やホモセクシアルの男性では神経細胞自身の数も大きさも小さいことが証明された。

同性愛の成立の要因として、従来はフロイト的解釈に基づく、幼児体験や生活環境を重視してきたが、どうやらそれは、もっと生物学的、解剖学的なものに規定されているものらしい。そうだとすれば、同性愛を異常性欲として差別したり、道徳的に非難したりするのは全く根拠のないことである。同性愛はまさしく、人間の性の生物学的多型性の中でのひとつの形なのである。

こうした研究が可能になった理由は、エイズという病気が現れて、はっきりした同性愛の男性の解剖例が増加したためである。この報告を書いたルヴェイ博士もまた同性愛者であった。

遺伝的に均一の純系マウス同士では皮膚その他の組織を移植しても拒絶反応は起こらないのが原則である。ところが、雄の皮膚を雌の皮膚に移植すると、マウスの系統によってはすみやかに拒絶されてしまうことが気づかれていた。雌の皮膚を雄に移植しても拒絶反応は起こらない。

男という異物

雄と雌の違いは性染色体にあるわけだから雌にはない雄のY染色体が、この異物性を決めているはずである。やがてこの異物性を決めている遺伝子がY染色体上にあることがわかり、その遺伝子の産物が、雄のあらゆる細胞の上に存在することが証明された。HY抗原(組織適合性Y抗原)という名前で呼ばれる。

HY抗原は、まさしく生物学的に雌と雄の差を明確に示す分子である。はじめは、このHY抗原こそ、動物の性を決定する分子であり、HYが雄の精巣形成を起こすために必要な分子と考えられたが、実際にはHY抗原自身にはそういう働きがあるわけではなかった。ただ、HY遺伝子座が、精巣決定に重要な役割を持つ*Tdf*遺伝子座のごく近傍に位置しているため、HYと性決定が並行しているように見えたのである。

HY抗原に相当する分子は、さまざまの脊椎動物で発見されているが、実際の役割は不明である。

ただHYが強い異物性を持っていることは、次のようなことからも知られる。雄の免疫系は、自分の中にもともと存在しているHYを「自己」と認めて、HYと反応する細胞を前もって消去してしまっていることがわかった。それに対して雌にはHYがもともとないのだから、HYは「非自己」ということになる。免疫系というのは、あらゆる「非自己」と反応する能力を持っていなければならないので、雄にだけあるHYと反応する免疫細胞が作り出されるのである。雄の皮膚を雌が拒絶するのは、HYと反応するT細胞が雌の中で自然に作り出されていたからである。

この雌のT細胞から、HYと反応するT細胞抗原レセプター（TcR）の遺伝子を取り出して受精卵の中に入れてやると、生まれた動物のT細胞の全部がHY抗原と反応するレセプターを持つようになってしまう。生まれた動物のうち雌では、作り出されたT細胞のほとんど全部がHYと反応するレセプターを持っており、他のいかなる異物とも反応することができない。一方、雄では、「自己」の成分であるHY抗原と反応するような細胞は、たとえ作られてもアポトーシス（前章で述べた細胞の自死）によって自死してしまうので、T細胞そのものが全くない動物になってしまう。HY抗原がいかに強力な異物性を持つかを示す一例である。

男は女にとっては異物であるが、女は男にとってももともと「自己」の中に含まれているので異物にはならないわけである。

女は存在、男は現象

これまで眺めてきたように、現代の生命科学が教えている性というのは、遺伝的に絶対的に決定されているものではないということである。性は決して自明ではない。ことに男という性は、回りくどい筋道をたどってようやく実現しているひとつの状態に過ぎない。人体が発生してゆく途上で、何事もなければ、人間はすべて女になってしまう。ある時点で、貧弱なY染色体が、たったひとつの*Tdf*という遺伝子を働かせることで、無理矢理男の方に軌道修正をして男という体を作り出す。その上、脳の一部を加工することによって、もともとは女になるべき脳の原形から男の脳を作り出す。

人間の自然体というのは、したがって女であるということができる。男は女を加工することによって、ようやくのことに作り出された作品である。男らしいというさまざまな特徴は、したがって単なる女からの逸脱に過ぎないのである。身体的な自己を規定する免疫系からみても、男は女にとっては異物であり、排除の対象なのである。男の中には、必ず原形としての女が残っているので、女を排除することはできない。

こうした生物学的にハードな事実が、社会的にみた男女の差に強く反映されていることを否定することはできない。それればかりか男女という存在自体が、こうした生物学的基礎に支えられているのではないだろうか。

私には、女は「存在」だが、男は「現象」に過ぎないように思われる。

そのためであろう。男女の間にはさまざまなあいまいな性が存在している。従来、性に対する絶対主義的な概念に基づいて、あいまいな性、すなわち「間性」についてひどい差別が行われてきた。半陰陽という言葉の持つ暗さ。同性愛を異常性欲として差別し、ときには道徳的な罪を着せて排除してきた性の帝国主義。

しかし、ここに述べた自然の性の分化過程を考えれば、さまざまな段階での「間性」が成立するのは、生物学的必然なのである。二万人に一人位の割合で、遺伝的な性と反対の身体的な性を持っている人がいるといわれる。決して稀なことではない。

まして脳の性は、胎児期のホルモン環境によって副次的に決定される。ことに性行動に関与する神経回路網の形成は、その時期にアンドロゲンにさらされたかどうかで異なる。とすれば、性的同一性の決定は胎児のおかれたさまざまな環境要因(それは大部分母胎からのものであるが)によって左右されるのは当然である。よく知られた統計によれば第二次世界大戦前後の一九四二年から一九四七年に生まれた男性の同性愛者の比率は、それ以前および以後に比べて有意に高いことが報告されている。戦争のストレスが母体におけるホルモンのアンバランスをきたしたためとされている。

しかし私には、間性も間性的行動様式も、自然の性の営みの多様性の中で正当に位置づけられるべきと思われる。性の多様性が、基本的に生物学的な必然だとしたら、それを基礎にして生み出される性の文化的多様性も受け入れるべきであろう。女と、その加工品である男だけという単純化された二つの性と、それによって営まれる生殖行動しか存在しないよりも、さまざまな間性と間性的行動を持った人間の方が、生物学的にも文化的にもより豊かな種のように思われる。

第六章　言語の遺伝子または遺伝子の言語

沈黙の過去

約七千万年前の白亜紀の北米大陸のどこかで、恐竜の影に脅えながら細々と虫を喰らって生きていた鼠に似た哺乳動物が私たちの祖先である。体が小さく適応能力にすぐれていたため、やがて襲ってきた第一次氷河期にも絶滅することなく生き残り、いまから三千万年前には原始的類人猿にまで進化していた。化石学的研究によれば、もっとヒトに近い身体的特徴を持った、ヒト上科に分類される霊長類が、約二千万年前に東アフリカに出現し、アラビア半島経由でヨーロッパ、アジアへと進出して、それぞれの気候に適応した進化を続けたという。

しかし、現在のヒトやチンパンジーの直接の先祖である猿人が、オランウータンと分かれて、アフリカ大陸で独自の進化を始めたのは千五百万年ぐらい前とされている。最近の分子時計の研究によれば、チンパンジーやゴリラと人間が分岐したのは、たったの四百万〜五百万年前ということになっている。分子時計というのは、特定のタンパク質や、それをコードする遺伝子のDNAの配列を比較して、二つの種がいつごろ別々の進化を始めたのかを推定する方法である。時間がたつにつれて、遺伝子には突然変異が蓄積されて配列が変化してくる。こうしたDNAに刻みこまれた過去の情報をもとにして、人間と類人猿が分かれた時期を推定すると、従来の化石学的研究からの数値とは大幅に違った四百万～五百万年前という数値に落ちついたのだ。

こうして生まれた原人は、急速に人間らしさを獲得してゆく。すでに直立二足歩行を始めていた原人類は、自由になった両手を使って道具を扱う技術を身につけ、重量を支えることのできる脊椎の上の頭蓋に脳を発達させて進化を加速させていった。生誕の地アフリカから離れて、彼らの子孫はユーラシア大陸から中国にまで拡がる。そのころから約百五十万年の間に身体的特徴、生活技術、集団社会形成などすべての面で、人類特有の属性を備えて、現生人類（新人類）に近づいていった。

その後の身体的発達はめざましく、頭蓋骨などは明らかに人類としての特徴を備えるようになった。火の使用も原人から行われていたらしく、すぐれた石器を発明して共同で大型の哺乳動物を狩猟して食用にした。この系譜は、ジャワ原人、藍田（らんでん）原人、ハイデルベルク原人などの約四十万年前ころまで栄えた中期原人を経由して、約十五万年前ごろから各地に定住していったローデシア人、大茘（だいれい）人、クラピナ人などのいわゆる旧人類へとつながっている。

旧人類の代表がネアンデルタール人で、約七万年前に中近東からヨーロッパ各地に定住したが、最後の氷河期、すなわち約三万年前ごろに、南方から侵入した現生人類（新人類）によって征服されたか、あるいは混血を繰り返した末に、絶滅してしまったとされている。

ネアンデルタール人の化石を見ると、脳を包む頭蓋は高く円味を帯び、脳の重量は、現代人よりもやや大きい千五百グラムにも達していたことが推定されている。現生人類の身分証明ともいわれる、下顎の顎門（あぎと）の発達も始まっていた。

イラクのザグロス山脈のネアンデルタール人の遺蹟、シャニダール遺蹟では、老人の死体をていねいに埋葬した形跡があり、埋葬地の土からは多数の花粉が発見された。死者を花で葬礼する葬送儀礼が行われていたらしい。死後の世界を想像する一種の「他界観」を抱いていたのではないかとさえいわれている。

それほどまでの感性を持ち、想像力を持っていたと思われるネアンデルタール人だが、言語を持っていたかどうかについては議論がわかれている。最近翻訳が出たスティーブン・ピンカーの『言語を生み出す本能（The language instinct）』（椋田直子訳、ＮＨＫブックス、一九九五年）によれば、チンパンジーやゴリラと枝分かれしたころから、原言語と呼ばれるべき音声記号による意思交流があったのではないかという。実際残されている頭蓋骨の解剖学的特徴から、言語能力と密接に関連している左脳のブローカ野の発達がみてとれる。しかし、それが近代的な意味での言語と呼ぶべきものか、あるいはやや複雑化した音節を組み合わせた発声に過ぎなかったかは決定できない。しかし言語の遺伝子というものが、少なくとも旧人類で発生していたに違いない。

一九九一年に出版されたノーブルとダヴィドソンの説によれば、近代的な意味での言語活動はたかだか四万年の歴史しか持っていないという。言語能力は、高度に象徴的な思考形式に依存している。同じく象徴的な能力の表れである、洞窟における壁画などの図像も、ネアンデルタール人の遺蹟には残されていないのである。

一九九五年六月四日の新聞報道によれば、フランス南東部のアルデシュ洞窟の壁画が、予想されていたよりは一万年以上も古い、三万三百四十年から三万二千四百十年前のものであることがわかったという。これが人類最古の壁画である。そこには狩猟民族であった彼等が、疾走するサイや野牛の迅速な運動を、わざと重複した線を用いて、高度に象徴的かつ抽象的に表現しようとした意図が読みとられる。

三万年前の人類といえば、さきにたどった人類の歴史をはるかに飛び越え、ネアンデルタール人よりもっと新しい、人類学的にはごく最近、すなわち現生人類（新人類ホモ・サピエンス）の時代に入ってからのことである。

図像化という象徴的な行為は、ネアンデルタール人を絶滅させた新人類から始まった。そうなると、同じく象徴的な能力に依存した言語も、ネアンデルタール人にはなかったというのもうなずける。

複雑な集団を形成し、共同して社会活動を営み、ていねいに死者の葬送までしたネアンデルタール人は、言葉のない静かな民族であった。人類の歴史は、アフリカに化石学的な原人が生まれてからでも二百万年になる。しかし言語を使い始めたのは、旧人類が生まれてからでさえ十万年以上も経過した、たったの四万年ぐらい前かららしい。言語は少しずつ作り出されてきたのではなくて、ここで突然現れたらしい。それまでの人類は言葉のない沈黙の世界に生きていた。騒がしくなったのは、ごく最近なのである。

言語の進化

ネアンデルタール人をひくまでもなく、もっと下等な哺乳動物や鳥などでも、共同社会を形成して、きわめて複雑な情報システムを駆使しているものがある。しかし言語というユニークな交信機能はどうやらきわめて最近、それも突然に獲得されたものらしい。一度獲得されると、それは増殖し拡がり続ける。現在地球上には四千種を超す言語の多様性があるという。

それでは人類は同時多発的に言語を喋り始めたのだろうか。それとも多様な言語はもともとはひとつの幹から派生したのであろうか。

英国の自然科学雑誌『ネイチャー』の一九九一年九月号に、ケンブリッジ大学の生物人類学者ロバート・フォレイ博士の興味深い説が出ている。その要点だけを紹介する。

旧人類を絶滅させた新人類も、やはりアフリカの一地方で発生したと考えられている。女性経由でのみ伝わるミトコンドリアの遺伝子の構造を解析しながら、人類最初の女性「イヴ」を探し出そうという研究も行われている。

受精卵が形成されるとき、大きな卵細胞の方には、細胞のエネルギー代謝に必要なミトコンドリアという構造が含まれている。そこに進入した精子の頭にはほとんどミトコンドリアはない。ミトコンドリアには固有の遺伝子が含まれており、どうやら人間の細胞のような真核細胞というものが生まれたとき、別の生物からミトコンドリアが入り込んで、その後ずっと共生しているらしいのだ。細胞が分裂するときはミトコンドリアも分かれて、ずっとその遺伝子は生き続ける。

卵細胞にはミトコンドリアの遺伝子が何百コピーもあるが、小さな精子にはほとんどないし、受精後には消失してしまう。だから、私たち人間の持っているミトコンドリアの遺伝子はすべて卵細胞に由来し、したがって母親由来ということになる。ミトコンドリアの遺伝子をたどってゆけば、人類最初の母に行きつくことができるわけである。

アフリカで生まれたイヴの子孫は、ネアンデルタール人を駆逐しながら世界各地に分散していった。毛の生えていない裸の私たちの先祖が、どうして北へ北へと向かっていったのかはいまでも謎である。もし言語の起源を、このアフリカの原人に求めるとしたら、言語の成立について何かがわかるのだろうか。

この問いかけは、けっして理由のないものではない。約一万五千年前のユーラシア大陸の大きな部分で共通に用いられていた言語族（スーパーファミリーと呼ぶ）として、ノストラート語というのがあったと想定されているし、二万年以上前にドルドーニュ地方からウラルに至る広範な地域で、ガルヴェットと呼ばれる共通の文化共同体が作られていたという説もある。そうした文化的統一性は、言語を共有することによってのみ得られる。アフリカ大陸から人類が世界各地に分散してゆくのと同時に、言語の方も多様性を獲得してゆくようになったと考えるのが妥当であろう。とすれば、言語でも、生物における系統発生と同様に、言語進化の系統樹を作ることができるのではないかというのである。

フォレイ博士は、アフリカの原人から現代のアフリカ諸民族、インド・ヨーロッパ人種、北アジア・アメリカインディアンなどモンゴロイドに至る方向、さらに東南アジア・ニューギニア・オーストラリア原住民にゆく方向とを想定し、それぞれの民族グループの間の遺伝的な差異と、グループ内で使われている言語の多様性とを比較した。

二つ以上の集団の間で認められる遺伝的な差異を示す尺度を遺伝的距離という。血液型やある種の血液内酵素のように、遺伝的な多型性を持つ物質の集団内での頻度を測定することによって、それぞれの民族の間の遺伝的な距離を算定することができる。たとえば、チンパンジーと人間の間の距離は、〇・六二であるのに対して、同じ尺度でのアフリカ黒人とわれ

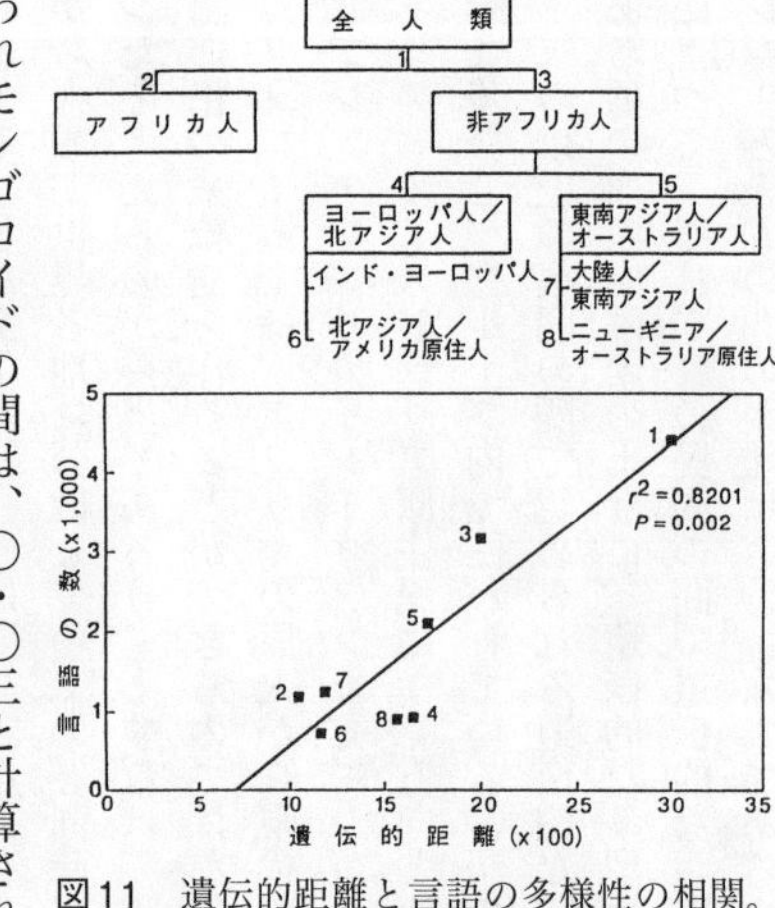
全人類
1
2
アフリカ人
3
非アフリカ人
4
ヨーロッパ人／北アジア人
5
東南アジア人／オーストラリア人
インド・ヨーロッパ人
6
北アジア人／アメリカ原住人
7
大陸人／東南アジア人
8
ニューギニア／オーストラリア原住人
言語の数（x1,000）
遺伝的距離（x100）
r2=0.8201
P=0.002

図11　遺伝的距離と言語の多様性の相関。アフリカ大陸で発生して世界各地に分布していった人類をその系譜によってグループに分け（上図）、グループ内で使われている言語の数を調べた。さらにグループにおける遺伝子の変化から、グループ間の遺伝的距離（横軸）を計算し、グループ内で使われている言語の数（縦軸）との相関をプロットした（下図）。明瞭な直線関係が認められ、高い相関関数（r）が得られた（R. A. Foley, *Nature*, 353: 114, 1991より）。

われモンゴロイドの間は、〇・〇三と計算される。こうして測定された遺伝的な距離とグループ内の部族間で使われている言語の多様性とを比較すると、この両者の間には直線的な平行関係があることがわかったのである（図11）。

たとえば、遺伝的に近縁関係にあるアフリカ人部族の間で使われている言語の数も、やはり遺伝的に近縁な人種の集まりであるヨーロッパ圏内で使われている言語の種類もほぼ千である。ところがもっと遺伝的な多様性が認められる民族で構成される東アジア・オーストラリア全域で使われている言語の種類はその倍の二千にも達する。遺伝的解析から得られた東アジア・オーストラリア全域の人間における遺伝的な距離は、アフリカ内部、ヨーロッパ内部での遺伝的な距離の約二倍である。アフリカ人を除いた、遺伝的に多種多様な民族のすべての言語は三千におよび、さらに全人類の持つ言語の数は四千になる。全人類間で認められる遺伝的距離は、東アジア・オーストラリア圏の人種で測定された遺伝的距離の二倍なのである。こうして遺伝的距離と言語の多様性を比較した図を作ってみると、両者に直線的な関係があることがわかった。たしかに言語の多様性と遺伝的な距離は直線的に比例している。

フォレイ氏は、遺伝子の解析から得られた遺伝的距離が遠くなればなるほど、言語の方も隔絶した多様なものが作り出されることを膨大なデータをもとに測定した。両者が直線的な平行関係にあることから、遺伝子の変化と言語の多様化は、同じ原理で起こっているのではないかと推論するのである。

アフリカに生まれた私たち新人類の直接の先祖が世界各地で遺伝子を変化させながら多様化していったとき、言語の方も同じやり方で多様化していったのだ。

はじめての言葉

それでは、人類の最初の言葉とはどんなものだったろうか。それは、生命の起源としての最初のDNA（あるいはRNA）のつながりが、どんなものだったかを問うのに似ている。専門の言語学者や分子生物学者は、そんな馬鹿馬鹿しい議論はしないだろうが、私は素人の特権でこのことを考えてみたいと思うのである。

『人間不平等起源論』を書いたジャン＝ジャック・ルソーは、やはり素人の特権を利用して『言語起源論』（小林善彦訳、現代思潮社、第十刷、一九八九年）で、この問題に挑戦している。彼の考えでは、人類の自然状態での最初の言葉は、象徴的、理性的なものではなくて、高度に情念的なものだったという。人類が、人間らしい感情を持ったとき、すでに発達していた口腔や咽頭の発声器官を通して発音したのは、彼らの情念の発動だったという。

もしそうであったならば、象徴的な図像を描くことのなかった後期ネアンデルタール人でも、感情の表現としての原初の言葉を発することができたはずである。

その類型は、新生児が初めて発する言葉に求めることができるだろう。母音の「ア」や「オ」、口唇の摩擦音が入って「マ」や「ワ」が発生し、感情に従ってさまざまな「ア」「オ」が作り出されていったに違いない。その組み合わせによってたとえば「マンマ」とか「ワア」とか「ダーダー」などやや指示能力を持った言葉が形成されていったと思われる。

すでに発達していた口腔の構造はやがて他の母音や子音を発明し、その組み合わせによって、ある程度の指示能力を持つ多様な音節を作り出すようになっただろう。それが原言語に相当する。

ネアンデルタール人のあとに現れた新人類は、すぐさまそれを象徴的能力に結びつけ、音節を組み合わせた象徴能力のある言語を作り出していったのではないだろうか。いったん作り出されると、初期の言語は、それを共有する人によって繰り返され、組み合わされ、少しずつ違ったニュアンスの類型を作り出し、急速に増大し、拡大されていったに違いない。

新人類を旧人類から区別するのは、こうして作り出された言語であった。そこで現生人類は、ホモ・リンガ・フレクサ（巧舌人）となり、チンパンジー、ゴリラ、旧人類などのホモ・リンガ・インエプタ（拙舌人）と区別されるようになっていった。

同じことが、DNAについてもいえると思う。いまから三十五億年以上も昔、大気中にある水とメタンガスとアンモニアと水素から、高温での爆発を介してアミノ酸が作り出された。太陽からの強い紫外線の触媒作用で、青酸からプリンとかピリミジンなどの塩基が生まれる。この塩基とリン酸をもとに核酸が作り出され、それがつながり合ったDNA（またはRNA）が生まれる。それは同時に存在したアミノ酸の重合体が浮遊している環境下で、コピーを殖やしてゆき、原始的な生命を誕生させたのではないかと考えられる。やがては細菌や藻類などが生まれて、光合成が始まれば地球は生命の惑星となる。

最初に生まれた核酸の言葉、すなわちDNA（あるいはRNA）の配列がどうであったかは勿論わからない。おそらくは原初の言葉と同様に、きわめて単純な、基本的には単音節に近い無意味なものであったに違いないと思う。

第二章で述べたように、DNAは、アデニン（A）、チミン（T）、グアニン（G）、シトシン（C）の四種類の塩基と呼ばれる化合物がつながったものであり、その三文字ずつを読んでアミノ酸に翻訳し、アミノ酸のつながりであるタンパク質が作り出される。生命活動というのはタンパク質によって運営される現象の集まりである。

最初に生まれたDNAのつながりは、解読不可能な、それ自身は短い音節ばかりの無意味なものだった。その混沌の中から、やがてタンパク質に翻訳可能な核酸の綴りがいくつか現れたのであろう。近年、DNAが少し姿を変えただけのRNAには酵素活性があり、RNAから生命が生まれたとする説が有力となった。

いずれにせよ、最初に翻訳可能になったDNA（またはRNA）の音節は、自己複製能力を発揮して、次々に自分と同じDNA（またはRNA）を増やしてゆく。複製されたDNAは、時につながり合って長さを伸ばし、幼児のウマウマに相当する漠然とした指示能力を持つようになった。それが最初の遺伝子であったろう。

第二章ですでに触れたように、アメリカ在住の分子生物学者大野乾博士は、生命の誕生にはこうした原始遺伝子の機能獲得という大事件がたった一度だけあって、その後はほとんど必然的な惰性にしたがって遺伝子の言葉の伸長と複雑化が起こっていったと考えている。最初の意味を持つようになった遺伝子を、大野博士は「大元祖遺伝子」と呼んだ。大元祖遺伝子の誕生は、まさしく生命の「創造」であった。その後の進化の過程は、元祖遺伝子の伸長、複製とそのエラー、組み合わせによる多様化と転用といった、いわば活用形の拡大に過ぎなかった。大野博士は、遺伝子の世界では、「一創造百盗作」がまかり通っていたと喝破する。

遺伝子の文法

実際、生命維持に必須な糖代謝酵素などでは、大腸菌から人間に至るまで、その遺伝子の重要部分の構造はほとんど変わっていない。もし変わってしまえばエネルギー代謝ができなくなって生きてゆけなくなるからである。

一方、遺伝子を重複させて存在させておけば、たとえひとつに間違い（変異）が起こったとしても、もう片方の遺伝子を活用して生き延びることができる。その間にもう片方は新しい機能を獲得して、語彙を増やしてゆく。余裕ができた遺伝子は、自己複製をしながら、組み合わされたりつながり合ったりして、新しい意味を作り出してゆく。もとの遺伝子が働いている限り、分身の方にエラー（突然変異）が起こっても構わない。こうして少しずつ含意の違う一群の遺伝子が増加してゆく。

変異を起こした遺伝子の中には、一文字だけ違ってしまったために意味を持たなくなったような遺伝子も含まれている。こうした一文字ていどの欠陥のために、タンパク質を作ることができなくなった遺伝子を、「偽遺伝子」と呼んでいる。ゲノムの中には、こうした遺伝子の死骸が数多く含まれている。しかし、もう一文字違いさえすれば別の意味を持つことができるようなのもあって、それが成功すれば新しい遺伝子が誕生するはずである。それは新しい言葉の誕生に似ている。ゲノムは、こうした遺伝子の言葉の発明とその活用形の拡大によって成立した。それは、さまざまな意味を持った遺伝子とその文脈、さらには死語となったものまで含んだ膨大な辞書なのである。

人間の血液には、酸素を運ぶために必要なヘモグロビンというタンパク質がある。ヘモグロビンの遺伝子は、もともとはひとつの遺伝子として「創造」されたが、まず重複を起こしてα鎖遺伝子とβ鎖遺伝子とができ、さらにβ鎖遺伝子からε、γ、δ鎖遺伝子というように多数のヘモグロビン遺伝子が重複によってできた。もともとはひとつで間に合わせていたのに沢山の似たような遺伝子ができるようになると、それぞれを違った条件下で使いわけるようになる。肺で呼吸できない胎児は、母親の血液の酸素を胎盤を通して受け取るという能率の悪い酸素交換をしているので、低い酸素濃度でも働くことのできるヘモグロビンε鎖遺伝子が働いている。生まれたあとで、はじめてβ鎖遺伝子を使い始める。少しずつニュアンスの異なった、しかも音韻の似た言葉を作り出してそれを使いわけするのに似ているではないか。しかし、こんなに似たような遺伝子を多数作り出してしまったために、間違って他の遺伝子を働き出させるようなことになると、溶血性貧血という遺伝病を起こしてしまう。

眼のレンズを作っているクリスタリンというタンパク質にもα、β、γという重複によって生まれた三種類の遺伝子がある。動物によっては、さらにそこから派生した非常によく似た遺伝子を流用して、アミノ酸合成酵素を作ったりしている。こんな便宜的な流用を繰り返したため、大もとは同じであった遺伝子が、構造上は似ているにもかかわらず、全く働きの違ったタンパク質を作り出すように変造されてしまったものもある。このようにして、遺伝子は一方で重複を起こして数を増大させると同時に、さまざまな変造物を作り出し、その産物を生命活動の中に取り込ませることによって、遺伝子共同体としてのゲノムを拡大させていったと考えることができる。さらにゲノムの中にもともと紛れ込んでいたウイルス由来のDNAや、起源の定かでない無意味なDNA配列の繰り返しなどが、複製のたびに語順を変えたり（転座）、文脈を変更させたりするために働いていることも知られている。

こうして、大もとの遺伝子から派生した複数の遺伝子の一族ができ、それらは自分の作り出した産物の関係によって遺伝子共同体の中に位置を占め、温存されてゆく。ひとつの元祖となった遺伝子の重複によって生じた、さまざまの遺伝子のファミリーを、遺伝子族と呼んでいる。それが大きな共同体を作っているとき、さきに大きな言語族を言語のスーパーファミリーと呼んだのと同様に、遺伝子スーパーファミリーと呼んでいる。

免疫に関与しているタンパク質といえば、まず抗体（免疫グロブリン）とT細胞抗原受容体（TcR）が思い浮かぶ。抗体もTcRも、異物を認識するために重要な働きを持つ分子であることはすでに述べた。そのほか、組織適合抗原とか細胞間接着分子などについても言及してきた。

いま抗体分子の、タンパク質としての構造をやや詳しく眺めてみると、約百十個ていどのアミノ酸のつながりを単位として、それがいくつかつながったような構造をしていることがわかる。ひとつの単位としてのアミノ酸百十個ほどのつながりをドメイン（領域）と呼んでいる。ドメインは、意味を持つ最小単位としての単語に相当する。ひとつのドメインの中には、約六十個のアミノ酸をはさんで、必ずシステインというアミノ酸が現れる。システインとシステインはお互いに化学的に結合し合うので、ひとつのドメインには、システイン同士の結合によって生ずるループが必ずひとつ含まれることになる。実際には、このループは折りたたまれて、もっと複雑な立体構造になるのだが、便宜上丸いループで表すことになっている。

抗体を含む免疫グロブリンは五種類あるが、そのいずれもが、基本的には、このループを持ったドメインのつながりであることがわかった。面白いことに、もうひとつの認識分子TcRも、このループ構造で作られている。

その後、免疫に関係するさまざまな分子の構造が解明されると、驚くべきことに、いずれの分子もこのループ構造（これを免疫グロブリン・ドメインという）の集まりであることがわかったのである（図12）。それぞれのループの間には、一定位置にあるシステインのほか

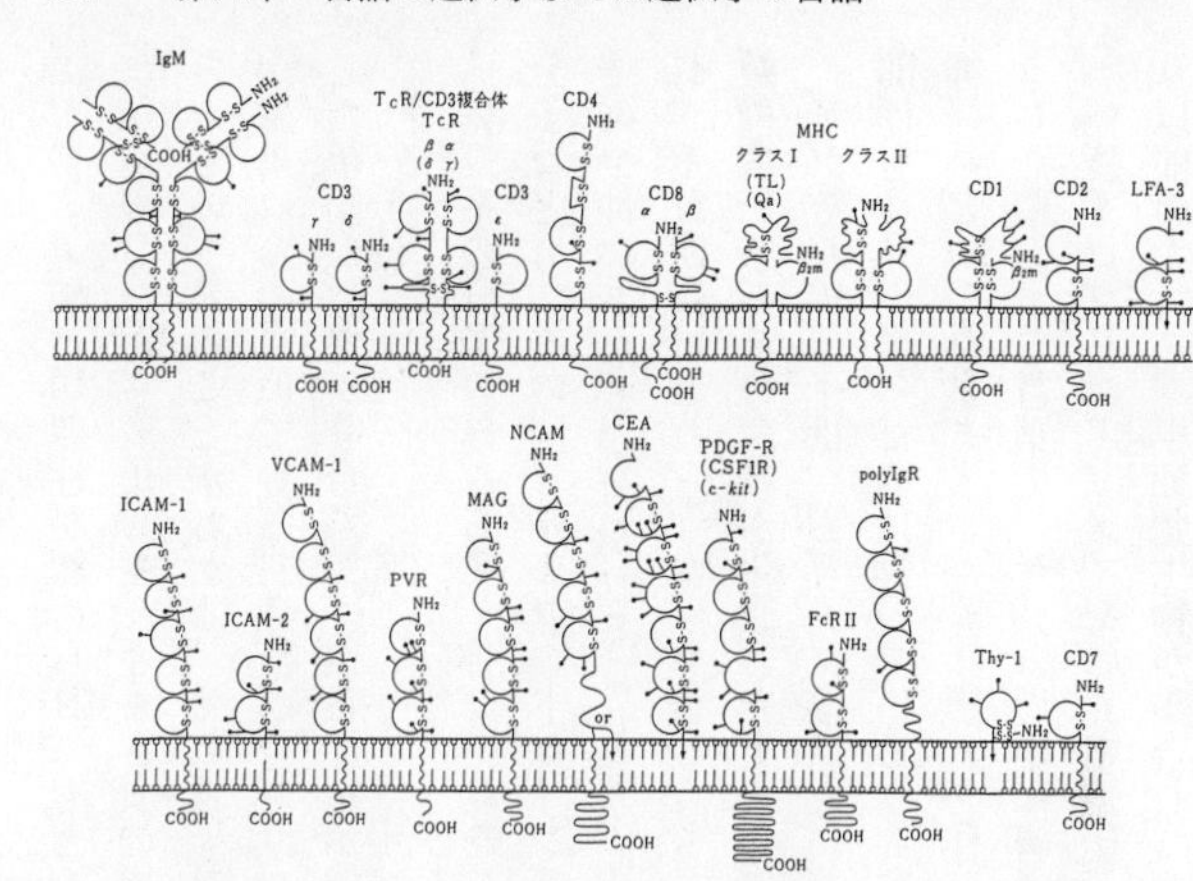
IgM
TcR/CD3複合体
TcR
CD3
CD4
CD8
MHC
クラスI
クラスII
(TL)
(Qa)
CD1
CD2
LFA-3
ICAM-1
ICAM-2
VCAM-1
PVR
MAG
NCAM
CEA
PDGF-R
(CSF1R)
(c-kit)
FcRII
polyIgR
Thy-1
CD7
NH2
COOH
S-S
β2m
or

図12　免疫グロブリン・スーパーファミリーのメンバーの一部。免疫グロブリン（IgM）は、110個ていどのアミノ酸からなり特徴あるループを形成する単位となる領域（免疫グロブリン・ドメイン）がいくつもつながった形の分子である。免疫に関係している他の受容体や接着分子なども、同じような形のドメインがつながって作られるという共通の性質があることから、この種の分子群を免疫グロブリン・スーパーファミリーと呼んでいる。ファミリーのメンバーとなる分子は、人間では現在100個を優に超えるが、おそらくは初めにひとつの「元祖」としてのドメイン遺伝子ができ、それが重複したり、つながり合ったり、変異を起こしたりして現在のような複雑なスーパーファミリーができていったものと考えられている。これらの分子は互いに反応しあいながら、超（スーパー）システムとしての免疫系を作り上げている。脳神経系にも、このファミリーに属している分子がいくつもある。

にもアミノ酸の類似性が認められ、もともとはひとつのドメインを作る遺伝子が生まれ、それが重複しながら変化して、さまざまの異なったドメインから成るタンパク質分子ができてきたものであることがわかる。それは、ひとつの単語が、ちょっとずつ変化して多数の単語が生まれるのに似ている。免疫グロブリンのような大きな分子は、さまざまの起源を同じくした単語がつながり合って、複雑な指示能力を持つ文節が作り出されたものと考えることもできる。

免疫系の分子のみならず、神経細胞を接着させる分子や、サイトカインに対する受容体の分子なども、この同じループのドメインを持っていることがわかってきた。おそらくは、免疫系や神経系などが分かれるより前の原初に、ひとつのループを作る遺伝子として創造され、それが複製され、つながり合ったり、エラーを重ねたりして多様化して、このような多数の遺伝子とその産物が生まれたものと考えられる。

それぞれの分子は、お互いに接着したり、相互認識したりして、細胞と細胞が意味のある関係を作り上げるために働いている。この一連の分子群が互いに関連し合って、免疫系や脳神経系といったまとまったシステムを作り出すのである。生命という壮大な物語の原稿はこうした遺伝子の言葉で、ゲノムの中に書き込まれているのである。

免疫グロブリン・ドメインの元祖遺伝子は、おそらく免疫系や脳神経系などが分かれるより以前の太古に、単細胞生物が集合して個体というものを作り出そうとしたころにすでに創造されており、それが多様化したり結合し合ったりして、最終的には高次の生命体系である免疫系や脳神経系の超システムを作り出したものと考えることができよう。そうだとすると、免疫グロブリン・ドメインの多様化と、作り出された遺伝子間の関係の構築過程そのものが、超システム生成の過程であり、それは言語の生成や文法の成立過程に通じるのではないだろうか。

同じような遺伝子族としては、他にもサイトカイン受容体遺伝子族とか、癌遺伝子族とか、構造単位としてのドメインを共有した一群の分子族が存在している。サイトカインは、生体内でサイトカイン・ネットワークというもうひとつの超システムを作っているし、癌遺伝子族は、癌に限らずさまざまな細胞の増殖を調整している重要な一連の分子群を作っている。

しかも、免疫グロブリンのドメインと、サイトカイン受容体のドメインがつながり合った上に、癌遺伝子の構造の一部がくっついているような分子もあって、異なった由来を持つ要素をつなぎ合わせることによって全く新しい働きを持つ遺伝子を作り出すという原理がここでも生きている。言葉におきかえてみると、二つ以上の単語を複合させて新しい言葉を合成するのに似ている。今日の新聞の中にも共同＋謀議＝共同謀議、国会＋決議＋案＝国会決議案などがある。

また特定の遺伝子に他の遺伝子の小さな一部分を挿入して、別の働きを持たせる場合もよくある。遺伝子転換や遺伝子再構成として知られている現象である。ひとつの言葉に、接頭語や接尾語をつけることによって異なった意味を持つ一群の言葉を作り出すことができるのに似ている。たとえばduct（導管）という語がありさえすれば、conduction（伝導）、induction（誘導）、reduction（還元）、deduction（演繹）、introduction（紹介）、production（生産）、abduction（誘拐）、reproduction（生殖）などさまざまな言葉が作り出される。

さらには読みとりの過程で、途中にある一部のDNAの配列を読み飛ばして、ひとつの遺伝子からいくつもの異なったタンパク質を作り出すようなやり方も発明していった。スプライシング（切りとり）という、いわば文章の編集法である。その他にもさまざまな共通点が認められるが、いまこれ以上の立ち入りは不要であろう。

こうしてみると、言葉の成立と発展、遺伝子の誕生と進化には明らかに同じ原理が働いており、共通のルールが用いられているように思われる。一度単純な要素が創造されると、その組み合わせによって意味が生じ、繰り返しによって重複し、複製し伝達する際のエラーを取り込んで多様化してゆき、こうしてできた新しい要素の組み合わせは飛躍的に語彙の多様性を増してゆく。そのあとは、与えられた多様性を組織化して、複雑な生命活動を運営してゆくのである。

言語の成立過程にもゲノムの成立過程にも、別に目的があったわけではなく、また前もってブループリントが用意されていたわけでもない。それにもかかわらず、チョムスキーが指摘するように、いかなる言語も基本的には共通のルールに従って生成している。そのルールも方向づけも、言語が自分自身で作り出したのである。自分で作り出したルールに従って自己組織化し、発展してゆくのが超（スーパー）システムの本性なのである。

言語の「自己」

いったん自分の文法を生成してしまった言語は、最終的には、言語の「自己」というものを確立してゆく。英語には英語の「自己」が、日本語には日本語の「自己」がある。それぞれの言語は混交しない。

たとえば日本語に、「フィロソフィア」というギリシャ語が入ってきたとする。それは日本語の「自己」にとって明らかに「非自己」であり、異物である。当然排除されなければならない。

しかし、「フィロソフィア」の持つ意味が理解されるようになると、「フィロソフィア」の概念を、日本語の中に取り込まなければならなくなる。その時、明治の碩学西周が、「哲学」という言葉を作った。もともと日本には存在しなかった「哲学」という言葉は、前から存在していた「哲」と「学」という要素を組み合わせて、新たに作り出されたものである。

その点で、「哲学」というのは、免疫反応における抗体のようなものである。「フィロソフィア」をそのまま日本語に置き換えたというようなものではなかった。抗体分子を合成するとき、遺伝子の方でもV、D、J、C遺伝子という要素を組み合わせる遺伝子の再構成を行って、もともと存在しない新しいタンパク質を作り出す、ということを第二章に述べた。侵入した抗原「フィロソフィア」は、日本語の「自己」の中で処理されて、要素の再構成によってそれに対応する「哲学」という抗体を合成させた、と考えるべきであろう。「哲学」という新造語は、「フィロソフィア」という抗原に対する抗体であった。抗体を合成することによって、免疫系が異物である抗原情報を「自己」内部で処理できたように、「フィロソフィア」という概念を、日本語の「自己」の中に取り込み処理することができるようになったものと私は考える。

その証拠に、「哲学」には「フィロソフィア」の本来持っていたいくつかの概念が欠けている。たとえば日本語で「科学」と呼ばれる「サイエンス」も、基本的には「フィロソフィア」の中に含まれていたはずである。抗体が、抗原分子のごく一部の構造のみと反応するのと同様に、訳語というのは原語の持つ意味のひとつひとつの部分構造にしか対応できないのである。そのため西周は、もうひとつの造語「科学」を作り出したが、こちらもまた「サイエンス」のすべての部分に対応したものではなかった。

原初のことばから現在の言語へ、そして最初の遺伝子から現在のゲノムへ、その道すじをひと通りたどってみると、両者がほとんど共通のルールに従って多様化し、組織化され、進化してきたように思われる。そして成立した言語は、まさしく「自己」を持った超（スーパー）システムなのである。

個体の発生とか、免疫系の成立といった生命の原理が、言語の生成にも働いている。都市の形成や音楽など、人間の持つさまざまな文化現象を、高次の生命活動として見る理由がここにある。

第七章　見られる自己と見る自己

「鵺」の多重構造

世阿弥作とされる能「鵺（ぬえ）」は、平家物語巻四に題材をとった名作である。主人公である鵺の霊は、前場では異形の舟人として、後場では鵺の化身となって、源三位頼政に射落とされた身の悲劇を仕方話で物語る。

謡曲の本文によれば、鵺の姿は、「頭（かしら）は猿、尾は蛇（くちなわ）、足手は虎の如くにて、鳴く声鵺に似たりけり、恐ろしなんども、おろかなる形なりけり」というのだから、これは生物学でいうキメラ、すなわち遺伝的に異なった種や系の細胞が同一の個体内に共存している状態である（図13）。いうまでもなくギリシャ神話のキメラ（キマイラ）に典拠を持つ。

この能でのキメラの運命は悲惨である。射落とされ、簀巻きにされて、空（うつ）ほ舟に乗せられて暗黒の淀川に流され（前場）、「月日も見えず、冥（くら）きより冥（くら）き道にぞ入りにける」（後場）というのだから、ここには、同一個体内に異種の生命を宿した生物の異端性の悲劇が典型的

図13　鵺。日本人が想像したキメラ。顔は猿、手足は虎、尾は蛇という異形の動物として描かれる。この写真は頼政の矢に当たって倒れようとするところ。面は猿癋見（べしみ）。橋岡久馬所演、森田拾史郎撮影。

に示されている。ギリシャ神話でも、蝮女エキドナと巨人テュフォンの間に生まれた怪物キメラは、騎士ベレロフォンに惨殺されてしまう。

もうひとつこの「鵺」という能で興味深いことは、鵺を退治する方の源三位頼政と、退治される方の鵺が、一曲の中で同一のシテによって演じられることである。ある時は退治する側となって弓矢をよっぴきひょうと射ると、その矢に当たって落々磊々と地に倒れるのも、それを頼政の郎党「猪の早太」が「九刀」刺してとどめをさすのも、さらに鵺の死体をたいまつの火で検分するのも同一のシテが演じるのである。そればかりか手柄をたてた頼政に天皇からの御剣を賜る大臣の姿も、それを受け取る頼政の役も鵺の化身が演じる。

世阿弥の「鵺」は、鵺という異端の存在を面装束で表現するばかりか、その曖昧な本性を、さまざまな人物の同一個体内での同時存在を介して立体的に見せようとした。射る者と射られる者が同時に存在することによって、鵺の本性はますますふくらみを持ってくる。この手法はまた、日本文化の曖昧性を考えるためのヒントにもなっていると私は考えている。

生物学で使われるキメラについては、前著『免疫の意味論』（青土社、一九九三年）で詳しく述べた。ウズラの脳の原基（脳胞）を移植されたニワトリは、生後ウズラの脳が機能して、ウズラの鳴き声で鳴くようになり、ウズラの行動様式を示すようになるが、やがてニワトリの免疫系がウズラの脳を「非自己」として拒絶してしまうので、キメラは生き延びることができない（図14）。これが、キメラという全体性を欠いた異端の生命体の運命である。

生物学的にみた個体の「自己」は免疫系が決めているので、鳴き方など、キメラの行動様式を支配していた脳さえも異物として排除してしまうのである。『免疫の意味論』では、この事実をもとに、同一個体内に共存していた身体の「自己」と「脳」の「自己」のせめぎ合いを論じ、「自己」とは何かについて考察した。

免疫というのは、ひとつの個体に「自己」でないもの、すなわち「非自己」が侵入した場合に、それを排除したり、あるいは共存したりしながら、「自己」の全体性を守る機構と考えられている。病原微生物や寄生虫などの「非自己」は、この免疫によって体内から駆逐されるので、生物は個体としての全体性を守り生き延びることができるのだ。臓器移植の拒絶反応もアレルギーも、「非自己」を排除する免疫の現れである。キメラが生き延びることができないのは、遺伝的に異なった「非自己」の細胞が同一の個体内に存在することを生命が忌避していることを示す。

ではキメラは絶対に成立しないのであろうか。ニワトリとウズラの神経管キメラの実験では、ウズラの神経管をニワトリの胚に移植するとき、ウズラの「胸腺」の原基を同時に移植すると、ウズラの組織の排除は起こりにくくなる。すなわち、免疫系の

図14　ウズラとニワトリのキメラ。ウズラの脳胞を移植されたニワトリは、ウズラの脳を持ち、ウズラの色素細胞が頭部に分布している（絹谷政江提供）。

「自己」と「非自己」の識別は、「胸腺」によって決定されているのだ。

寛容と排除

「胸腺」については、これまでたびたび触れたが、これからの長い議論を進めるために、もう一度概観しておこう。

胸腺は文字通り、胸腔内にある腺状の構造を持つ組織で、心臓の前面に張り付いたように存在する小さな臓器である。いずれ老化との関係で触れるように、胸腺ほど老化の影響を受ける臓器はほかにはない。大きさからいえば、十代で最大の三十五グラムほどになり、あとは年齢とともに退縮してゆく。実質的には、出生前から出生直後にかけての方が、ぎっしりと細胞がつまって増殖している。おそらくその時期こそ、胸腺の中で「自己」が確立してゆく時だろうと考えられている。

胸腺が遺伝的に欠如しているヌードマウスというのがいる。字義通り毛の生えていない二十日ネズミである。

ヌードマウスには胸腺が発育しないので、「自己」と「非自己」の区別がうまくゆかない。他のマウスの皮膚を移植しても拒絶できないし、人間の癌細胞などを移植しても発育を許してしまう。ヌードマウスと同じように胸腺が遺伝的に形成されないディ・ジョージ症候群という人間の病気があるが、こちらもきわめて重い免疫不全の症状を示す。

免疫系は本来、「自己」を攻撃したり排除したりすることはない。これを「自己寛容（トレランス）」と呼んで、免疫の重要な属性としている。しかし、あらゆる「非自己」に対しては、容赦なく排除の反応を起こすのが普通である。免疫というのは、もともと「自己」に対しては寛容なのに、「非自己」に対してきわめて不寛容な態度を示し、たとえ親子や兄弟の間でも移植を受けつけない。

「自己」に対する寛容が破綻すると、免疫細胞は際限なく「自己」を破壊し排除しようとする。それが自己免疫疾患である。

しかし、ある種の「非自己」に対しては、免疫系が寛容になってしまうこともある。たとえば肝炎ウイルスなど、もともとは「非自己」である病原微生物に対して、免疫反応で排除するのではなく、逆にそれと積極的に共存してしまうのである。肝炎という病気は、肝臓の細胞内に寄生したウイルスに対する免疫反応が、感染した肝臓の細胞を傷害するために起こる病気で、寛容になってしまえば肝炎は起こらない。

ウイルス性肝炎についてみれば、ある人は初めから寛容になってウイルスと共存する道を選ぶが、別の人は強烈な免疫反応を起こして致命的なまでに肝臓を破壊してしまう。また一部の人は、寛容となってウイルスと共存しながら、時々思い出したように叛乱を起こして、慢性の炎症を起こす。それぞれの人が、異なったタイプの反応性を選んでいるのである。

日本の国民の十五パーセントもが、杉の花粉に過敏症を持っているという。同じ空気を呼吸しているのに、あとの八十五パーセントはアレルギーを起こさない。寛容になっているからである。

なぜある人は寛容になり、ある人は排除の反応を現すのかについてはまだ不明の点が多い。現代免疫学が総力をあげて研究している最大の問題である。

近代西洋医学は、人間に普遍的な現象についての解明を押し進めてきたが、一人一人異なった反応性、つまり個別性を説明する努力は、いたって少なかった。免疫学は、それに反して、個別の反応性がどのようにして作り出されるかについても興味を持っているのだ。

ともあれ免疫系は、それぞれの個体の個性に応じて、さまざまな「非自己」に個別的な対応をしている。その結果として「自己」の免疫学的行動パターンが生まれ、それは一生にわたって維持されるのである。そうした体の個性がどのようにして作り出されるかを、これから検討したいと思う。

免疫から「自己」というものを定義しようとするならば、それはさまざまな「自己」でないもの、つまり「非自己」に対して行う「自己」の行動様式の総体ということになる。『免疫の意味論』で、「自己」という「存在」があるわけではなくて、「自己」という「行為」があるだけだといったのはそういうことである。

それでは、行為としての「自己」はどのようにして作り出されるのだろうか。

胸腺の劇

「自己」と「非自己」の識別に中心的役割を持つ免疫細胞は、T細胞と呼ばれる細胞群である。T細胞は胸腺の中で作り出されて全身を循環している細胞で、胸腺（thymus）のTをとって名付けられたものである。

すでに述べたように、すべての免疫細胞の源（みなもと）は、骨髄にいる造血幹細胞で、この細胞が偶然胸腺という臓器に流れついて分裂を始めると、T細胞に向かって分化する運命が決定されるのである。幹細胞は、それ自身では何の働きも持っていない原始的な細胞で、条件次第で赤血球にも、白血球にも、血小板にも変わりうる。たまたま胸腺という環境に流れつくことによってT細胞に変わってゆくのである。胸腺にたどりついた幹細胞はまずひたすらそこで分裂し増殖する。

やがて分裂を止めた細胞の中で、さまざまな遺伝子が働き始め、その産物であるタンパク質が細胞の表面に現れてくる。最も大切な分子は、対応する異物のそれぞれを識別する能力を持つ受容体分子（T細胞抗原レセプター、TcR）と、その認識を助ける接着分子、CD4とCD8である。そのいずれもがいわゆる免疫グロブリン遺伝子スーパーファミリーに属していることは前章で示した。TcRは、異物のひとつひとつに対応するので、しばしば鍵と鍵穴の関係に例えられる。われわれの周囲に存在するあらゆる異物（鍵）と対応できるようにするためには、何億種もの異なったTcR（鍵穴）を用意しなければならない。

どのようにしてそれほど多様な構造のTcRが作り出されるのか。それは利根川進が発見した遺伝子の再構成という機構による。

TcRは、α鎖β鎖という二本のタンパク質の鎖からなることは前にも述べた。ところが、α鎖の遺伝子もβ鎖の遺伝子も、完成された形ではゲノムの中に存在していないのである。ゲノムの中にはそれぞれの鎖の部分構造に対応する、要素の遺伝子だけが用意されているだけなのである。

人間のα鎖に対しては、約五十個のV遺伝子という要素と、同じく約五十個のJ遺伝子という要素と、一個のC遺伝子という要素が離ればなれに存在している。

これらの要素それ自身ではタンパク質は合成されない。それはいわば無意味な音節の記号であって、それらが組み合わさって初めてα鎖というタンパク質、すなわち意味のある語が形成されるのである。たとえば「サ」、「ク」、「ラ」、という三つの音節が組み合わさって「サクラ」という意味のある語が生じるように、意味のあるTcRの鎖を作り出すためには、五十個ずつあるVおよびJ遺伝子群の中から、ひとつずつが選び出され、つながり合わなければならない。その上でひとつのC遺伝子とともに転写されてタンパク質に翻訳されるのである。そういう手続きによって、たとえば「サクラガサイタ」というような意味のある文、つまりタンパク質が作り出される。

どのVおよびJ遺伝子が選ばれるかは全く予測できない。ランダムな組み合わせなのである。しかも二つの遺伝子断片がつながり合う接点にはしばしばズレが生じ、ここに余分な文字、すなわちA、T、G、Cいずれかのヌクレオチドが数個入り込むことが多い。そのためα鎖だけでも何百万という異なった種類の遺伝子が新たに作り出されるのである。

β鎖の方はもっと複雑で、七十個のV遺伝子、二個のD遺伝子、十三個のJ遺伝子が任意に組み合わさって、やはり莫大な種類の意味のある遺伝子を作り出す。その両者が組み合わさってひとつのTcRができるのだから、作り出される多様性は天文学的数字になり、これならば森羅万象、あらゆる「非自己」と対応できるような多様な受容体の一組ができるはずである。

TcRには、αβ鎖から成るもののほかにγ鎖とδ鎖の組み合わせのものもあって、こちらもまた天文学的な多様性を持つことができることが知られている。

私の試算では、αβ鎖で十の十六乗、γδ鎖では十の十八乗という、ほとんど滑稽なほどの巨大な数となる。いうまでもなくこの数字は一人の人間の持つ細胞の数、六十兆をはるかに超えているナンセンスな数である。T細胞の数はせいぜい十の十二乗個（一兆個）だから、現実には可能な多様性の一万分の一ほども作り出してはいない。

ところで、このようにしてランダムな要素のつなぎかえを利用して多様なものを作り出すのだから、最終産物がどのような物と反応できるかは本来予測できない。中には「自己」と反応する受容体もあるだろうし、全く反応性を欠いたナンセンスなものだって多いだろう。その中から妥当な範囲の「非自己」と反応できる、ひと揃いの細胞群（これを免疫細胞のレパートリーという）を選別しなければならない。その選別の間に、「自己」を破壊するような細胞は無力化しておかなければ危険だし、ナンセンスな細胞も淘汰しておかなければ「自己」の個性は作り出せない。

そのため、胸腺の中ではドラマチックな生と死の劇が起こるのである。

胸腺はもともと、上皮細胞が入り組んで作ったメッシュ状の構造を持っている。造血幹細胞から分裂して、TcRを発現するようになった若いT細胞は、このメッシュの中を通過してゆく。その間に、二重の選別が行われているのである。

まず第一は、「自己」と強く反応する細胞は、細胞内に強い矛盾したシグナルが伝播されて、アポトーシス（プログラムされた細胞死、第四章参照）を起こして死んでしまうのだ。これを「負の選択」という。自己破壊の可能性を持っている細胞はこうして淘汰されてしまう。

さらに、今度は侵入した「非自己」を認識することが不可能なような、いわば欠陥製品としての受容体を持つ細胞、すなわち存在自体ナンセンスな細胞の方も、アポトーシスによって死んでゆく。なんと、胸腺で生まれた細胞のうち、九十五パーセント以上もの細胞が胸腺から出てゆくことなしに死んでしまうのだ。胸腺は、したがって免疫細胞の生まれる場であると同時にその大部分が死ぬ墓場でもある。死んだ細胞のＤＮＡは細かに切断され細胞の破片はきわめてすみやかに周囲の細胞に吸収されてしまう。

こうしてひと握りの細胞が選び出される（これを「正の選択」という）。この細胞は血液の中に送り出され「自己」を守る戦列に参加する。彼らこそ外界から侵入する「非自己」を排除するための認識能力を持つＴ細胞で、「自己」の行為を実行する細胞である。しかもその多くは、一生の間に対応する「非自己」に出合うこともなしに寿命を終えて死んでしまう。

無駄といえば壮大きわまりない無駄、巧妙といえば何と巧妙な「自己」の作り方であろうか。いかなる予期しない異物の侵入にも対応できるという免疫系の持つ「先見性」は、実はランダムに多様性を作り出してあとで選別するという「非先見性」に依存しているのである。

「自己」の標識――ＭＨＣ

「自己」を破壊する可能性のある細胞は前もって排除しておくというネガティヴな選別の方はわかるが、意味のある細胞を積極的に選別するとはどんなことだろうか。意味があるかないかという基準は何が決めているのだろうか。ここでもうひとつの驚くべき巧妙なしくみが明らかになってきたのである。

移植の拒絶反応で、「自己」とか「非自己」とかいうとき、その基準となっているのは主要組織適合抗原である。略語でMHCと呼んでいる。人間ではHLA、ネズミではH-2、サルではRLAと呼ばれる。これからの議論を進めるために、煩雑さを厭わずに、ここで人間のMHCであるHLAのあらましについて述べておきたい。

私たち人間の体は、約六十兆個の細胞で構成されている。神経や筋肉、皮膚や内臓、それぞれで異なった遺伝子が発現したため、異なった機能を持つ細胞に分化したのである。そうした細胞の持つ別々の働きが統合されて、一人の人間のまとまった生命活動、そして一生というものが作り出される。神経細胞は、誰からとってきても共通の神経細胞の遺伝子が働いてできたもので、筋肉は万人共通のミオシンという収縮タンパク質を持っている。

多くのタンパク質は、それぞれの臓器や組織に特徴的であるが、個人による差はほとんどない。ところがこれらすべての細胞に、一人一人の個人に特有の、標識となるタンパク質が存在するのである。

この標識分子こそHLA分子である（図15）。HLA分子には六種類のものがあり、そのうち三種類、HLA-A, B, Cは、六十兆個の全細胞に発現している。これらを一括してHLAクラスI分子と呼ぶ。他の三種（DP, DQ, DR）は、異物を取り込むことができるような限られた細胞にのみ出現し、ＨＬＡクラスⅡ分子と呼ばれる。ＨＬＡクラスⅠとクラスⅡ分子は少々構造が違うのだが、いまはこれ以上立ち入らないことにする。

人間の体を構成しているいろいろなタンパク質は、個体によって違うというわけではないのに、このＨＬＡ分子だけは、例外的に著しい多型性を持つ。個人によって少しずつ違うのである。たとえばHLA-B分子には、数十種類の違った型のものが存在している。ということはHLA-Bの遺伝子には、数十種類もの変種があるということである。他のＨＬＡ遺伝子でも多数の異なった構造のものがあって、私たちはそのうちのどれかを持っているのである。

一人の人間の任意の細胞の上には、必ずHLA-A, B, Cの三種類のＨＬＡクラスⅠ分子があり、しかも

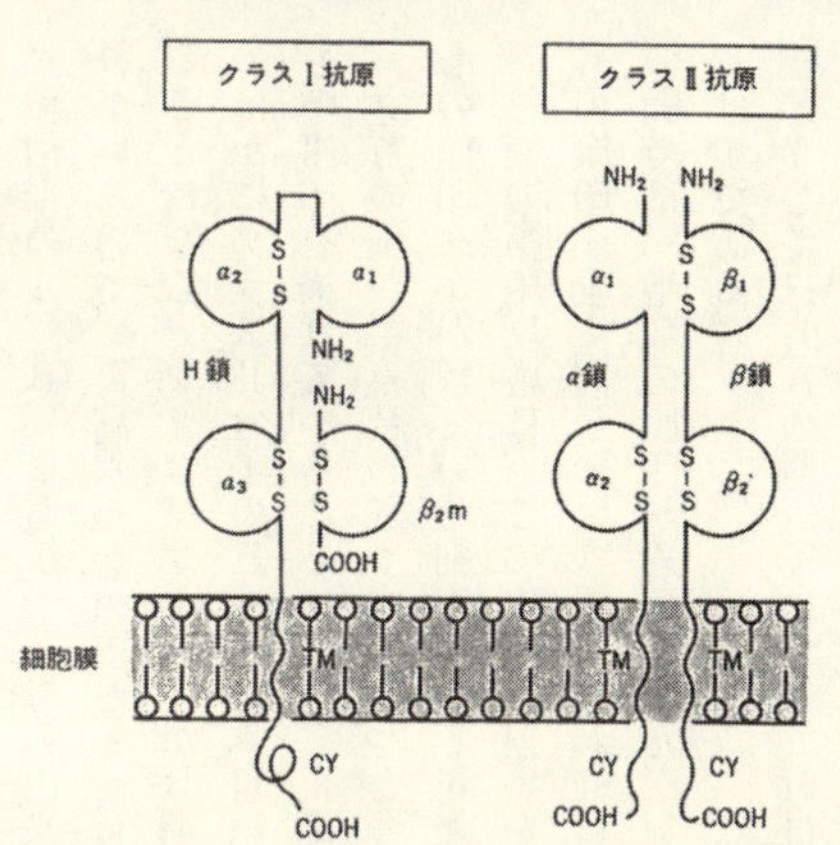
クラスⅠ抗原
クラスⅡ抗原
NH2
S-S
α2
α1
H鎖
α鎖
β鎖
α3
β2m
β1
β2
COOH
細胞膜
TM
CY

図15　HLAの模式図。人間の体のすべての細胞の上に、「自己」の標識としてHLAタンパク質が存在している。６種類のクラスⅠ抗原と６種類のクラスⅡ抗原からなり、それぞれが多様な構造を持っているので、６種類全部が同じという組み合わせは、他人ではきわめて稀である。分子の先端の部分にらせんを作り出す多様な構造がある（図16参照）。

父親由来のA、B、C遺伝子と母親由来のA、B、C遺伝子が仲良く同じ細胞の上に表現されているので、最高六つもの異なったHLAクラスⅠ分子の旗印で、「自己」を標識していることになる。マクロファージとかB細胞などの免疫細胞や、皮膚の細胞の一部などは、そのほかにクラスⅡ分子の三種類が「自己」を主張しているのだから、そういう細胞は十二本もの旗印を掲げていることになる。正確には、父親由来のタンパク質の鎖と母親由来のタンパク質の鎖が組み合わさって、もっと多様なHLAクラスⅡ分子ができるので、最大十八本もの旗印をかかげている細胞がある可能性がある。

移植の拒絶反応は、この旗印の違いをT細胞が認識することによって起こる。十二本以上もの旗印が全く同じという組み合わせは、他人同士ではきわめて稀にしか起こらない。親子の間では、半数の旗印が違うはずだ。兄弟姉妹では、四分の一の確率で同じ組み合わせがあるはずである。

どうしてHLAの遺伝子にだけこれほどの多型性が生じたのであろうか。HLA遺伝子の一定部分に突然変異が起こり、それが蓄積されていったからである。なぜHLA遺伝子にだけそんなことが起こったのだろうか。

答えはまだ完全ではない。クラスⅡ遺伝子によく似た一群の遺伝子が同じ染色体上に並んでいるため、そのごく小さな一部分が他の遺伝子の中にはまり込んで（遺伝子転換）、ちょうど単語の一音節のみが変わって別の言葉になってしまったように多数の単語ができたともいわれている。また、一定の部位が突然変異を起こしやすくなっているという説もある。しかし、私たちが追跡可能な百年ていどの間に、ＨＬＡに変異が高頻度に生じたという証拠はなく、どうやらかなり昔、つまり人類発生のころに、すでにＨＬＡの多型性が存在していたらしいのである。

ドイツの遺伝学者Ｊ・クライン博士の研究によれば、人間以外の動物、ネズミやウサギ、サルなどのＭＨＣとヒトのＭＨＣであるＨＬＡを比較した結果、人間でみられるＨＬＡの多型性に相当するものが他の動物にも見られる。人間と共通な多型性が他の動物種にも存在するということは、まだ人類というものが生まれる前から別の動物にすでに存在していた多型性を、人類が発生と同時に受け継いだということになる。

もしそうだとすると、人類の祖先は、アダムとイヴというような一組の男女から生まれたのではなくて、すでにネズミなど他の哺乳動物や類人猿などに存在していた、かなりの種類のＭＨＣの多型性を、そのままＨＬＡが引き継いだことになる。言いかえれば多種類のＨＬＡ遺伝子を引き継ぐことができるほどの多数の個体が、突然人間に進化したということになる。卵細胞を通してのみ伝わるミトコンドリアの遺伝子から、アフリカで生まれた最初のイヴを突き止めるという試みがあることは前章に述べた。しかし、ＨＬＡの研究からは、交配可能な多数の私たちの祖先が、ある日突然地上に現れたという結論に達する。

人類は初めから多様な人間の集団として生まれた。その人間の一人一人に、他の哺乳類で蓄積されてきたＭＨＣの多様な遺伝子が受けつがれたのだ。その子孫である私たちにはＭＨＣで遺伝的に規定されている「自己」の標識と、それに対応して免疫系が作り出している「自己」の行動様式が成立している。この二つの「自己」は、どのように関わるのだろうか。

見る「自己」の形成

胸腺の中で作り出されたＴ細胞のうち「自己」と強く反応する細胞はアポトーシスで自殺してしまうといったが、ここで「自己」として、Ｔ細胞の認識の対象となっているのは、胸腺内部に提示されているＭＨＣ分子にほかならない。ＭＨＣこそ、Ｔ細胞によって「見られる自己」なのである。

ＭＨＣ分子は、その立体構造が解明されてから驚くべきことを語り始めた。その要点を述べたい。

ＭＨＣクラスＩ分子の例として、HLA-A2という分子の立体構造を眺めてみよう（**図16**）。この図では、タンパク質の鎖がテープ状に示されている。図の下の方で細胞膜に突き刺さっていると考えればよい。細かいことを省いて、この分子の上の方にらせん状のものが二つ見えることに注目して頂きたい。αヘリックスと呼ばれる特有ならせん構造で、加熱などちょっとしたことで巻き方が変わるデリケートな構造である。

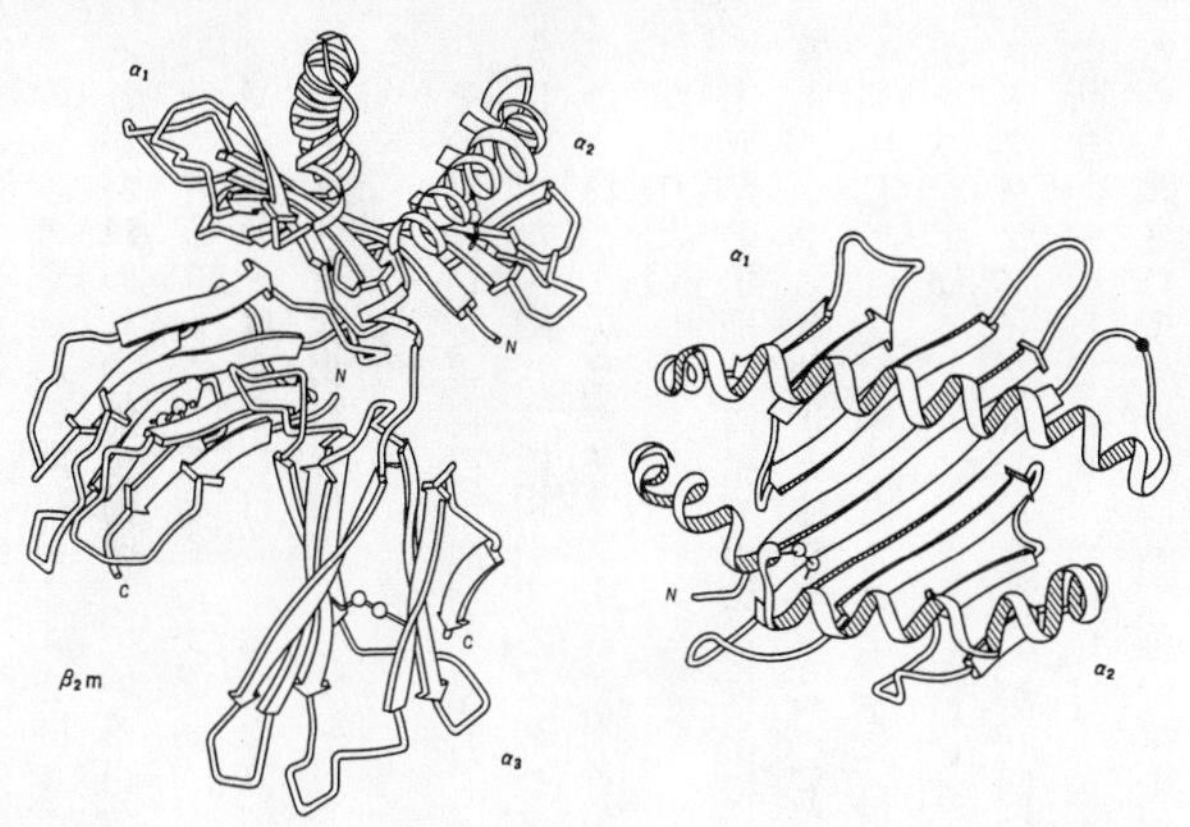
α1
α2
N
N
C
C
β2m
α3
α1
N
α2

図16　HLAクラスⅠ分子の立体構造。タンパク質は複雑に折りたたまれているが、先端部に２本のらせん状の構造があることに注意(左)。右はそれを上から眺めたもの。２本のらせんによって複雑な立体構造が形作られている。この部分のアミノ酸が違うと、らせんの巻き方が微妙に変わる。HLA遺伝子が違えば２本のらせんに囲まれた部分の形が変わり、そこに入り込むタンパク質の断片も変わる。これが、一人一人異なった免疫学的な個性を作り出す原因である（本文参照)。

興味深いことに、ＨＬＡの多型性を作り出しているアミノ酸の置き換えは、このらせん部分とその周りに集中している。いきおいらせんの巻き方は少しずつ敏感に変わる。ほんのわずかのアミノ酸の置換でＭＨＣ分子の「見られる自己」として立体構造が微妙に変わるのだ。時にはちょっとした差が「非自己」として認識される。それはＭＨＣ分子が、こういう微妙な立体構造を持っていたからである。

さらに驚くべきことに、

この二本のらせんの間にあるすき間に、必ず何ものかが入り込んでいることが見つかった。それがわれわれの体を構成している自分のタンパク質のさまざまな断片（ペプチド）であることがやがてわかってきたのである。

ＭＨＣ分子は、それ自体で多様な立体構造をとるばかりか、その多様な部分に「自己」由来のさまざまな物質を付着させて「見られる自己」の多様さをディスプレイしていたのである。

そのＭＨＣと「自己」成分が結合したのを見るのがＴ細胞の受容体TcRである。TcRは先に述べた「鍵穴」に相当するタンパク質で、ＭＨＣとペプチドで出来上がった「鍵」部分に合うかどうかをチェックする。両者が正確に合うか、ゆるく合うかによってＴ細胞の運命はがらりと変わる。

未成熟のＴ細胞には、TcRのほかに、クラスⅠ分子に接着力を持つCD8というタンパク質と、クラスⅡ分子と接着できるCD4の両方が現れている。Ｔ細胞はこの両方の接着分子を利用して、受容体であるTcRが「自己」のクラスⅠおよびクラスⅡ分子とどう反応するかを試してゆく。このとき、ＭＨＣ、TcR、CD8がどのような形で作用し合うかをコンピュータグラフィクスで示したのが、**図17**である。ＭＨＣ分子には、「自己」成分のさまざまな断片が付着している。ＭＨＣ分子とそこに付着したあらゆる「自己」成分との反応性がいちいち試されて、この段階で強い反応を起こしたＴ細胞の中では、ＤＮＡ分解酵素が働き出してＤＮＡが切断され、アポトーシスを起こして死んでしまう。「自己」破壊の可能性を持つ細胞の自殺である。

一方、受容体の構造がナンセンスな細胞の方もアポトーシスを起こす。どのようにしてナンセンスかどうかを判定するかというと、こちらも全く同じようなＭＨＣによるテストを行うのである。まず、自己成分を結合したＭＨＣ分子とは強く反応しないということが第一の生存のための条件である。強く反応した細胞は上に述べたように自殺してしまう。次には、「自己」のＭＨＣ分子の基本的な枠組みだけは認識できるかどうかがテストされる。ＭＨＣ分子を無視することなく弱く反応した細胞には、生存のための刺激が入って生き残ることができるのである。全く反応性を示さない細胞は死んでしまう。こうして選び出されたＭＨＣ

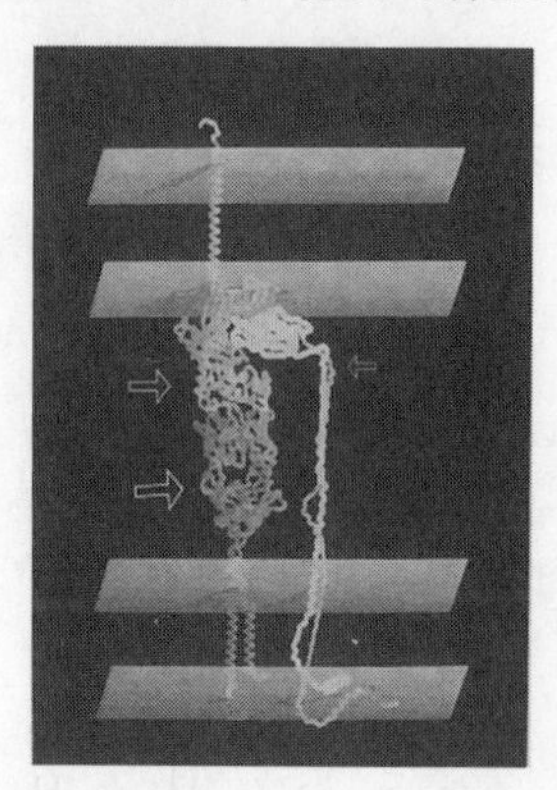

図17　TcRによる「自己」「非自己」識別の模型図。上方の分子（中→印）がMHCで、そこに入り込んだタンパク質の断片を下方の分子（大→印）が認識する。そのとき補助分子としてのCD8（小←印）がMHCに側方から結合する。すると、CD8（あるいはCD4）およびTcRの両方からシグナルが形成されて、T細胞は反応するか自死するかの意志決定へと向かう（図19参照）。

と弱く反応する細胞は、対応するMHCに「自己」以外の成分が結合してらせんの巻き方がちょっとでも変われば、それとは強く反応できるかもしれないというわけだ。何と反応するかは予測できないが、「自己」のMHCに異物が結合した場合には反応しうる淡いポテンシャルを持っている細胞だけが、こうして「正の選択」を受けて生き残るのである。「自己」のMHCという文脈の中に、「非自己」の単語が入り込んだ時だけそれを発見しうる細胞、すなわち「自己」MHCという文脈を判読できる細胞だけが生き残るのだ。「自己」MHCの文脈さえも見分けられない細胞は、ナンセンスだから死んでもらうというわけである。

こうした厳しい選択を受けた後で生き残った三パーセント程度の細胞群は、「自己」MHCに自己成分の代わりに「非自己」の成分が入り込んだときにのみ反応できる先見性を持った細胞の一揃い（レパートリー）ということになる。T細胞は異物そのものを直接認識するのではなくて、「自己」のMHCという文脈に入り込んだ異物だけを認識するわけである。このやり方で免疫系は「自己」に何らかの異常が生じた時のみ働き出す一群の細胞を作り出していたのだ。

この考えを最初に実験的に証明したのが、ジンカーナーゲルとドハーティという二人の免疫学者であった。二人は、T細胞がウイルスに感染した細胞を殺すときには、ウイルスだけではなくて感染細胞のMHCを同時に認識していることを、一九七三年に単純な実験で示した。この発見に対して一九九六年度のノーベル生理学医学賞が与えられた。

これまでのプロセスを読み直してみると、次のようなことがいえると思う。生体には、まず遺伝的に決定された「自己」成分としてＭＨＣが存在する。ＭＨＣの型や組み合わせは、個体ごとに違うから、これが遺伝的な「自己」の原型となる。そのＭＨＣ分子にはさまざまな「自己」由来の成分の破片（ペプチド）が付着している。胸腺内にディスプレイされているＭＨＣにくっついた自己のペプチドこそ「見られる自己」なのである。Ｔ細胞は、これらすべての、もともと胸腺内に存在していた「自己」の成分を「見る」ことによって自殺させられたり、生存を許されたりして、「見る自己」の行動様式を作り出してゆく。こうして「見られる自己」によって選択されることによって、自己を認識し自己に生じた変化を看視するような一群の細胞が選び出される。「自己」ＭＨＣに対する反応能力が、そのまま「非自己」を認識するために転用されるのである。

Ｔ細胞の担っている「自己」の行動様式、すなわち「非自己」に対する反応性はこのようにして「非自己」など存在しない胸腺内で作り出された。「自己」ＭＨＣで選び出されたＴ細胞こそ、「非自己」のＭＨＣを見つけて拒絶反応を起こし、また「自己」のＭＨＣに「非自己」のタンパク質が入り込んだときに、それを発見して排除する細胞なのだ。「自己」を認識する機構がそのまま「非自己」の認識に使われている。「非自己」を排除する免疫は、実は「自己」を認識する行為の裏返しであった。二つの役は同じ細胞によって演じられていたのである。

胸腺の中で行われた正と負の選択は、もともと存在していた遺伝的な「自己」に適応しながら、新たに「自己」の行動様式を作り出す作業だったのである。こうして作り出された「自己」の行動様式は、したがって、遺伝的に決定されていたＭＨＣ分子で構成される見られる「自己」に依存はしているが、新たに後天的に構築され、生成されたものである。

一卵性双生児では、遺伝的に決定されていた「自己」、すなわちＭＨＣは同一である。しかし胸腺で作り出される行動様式としての「自己」はしばしば微妙に違う。そこにはTcR遺伝子のランダムなつなぎ換えとか、サイトカインの濃度とかの確率論的なものの影響が必ず入り込むからである。

遺伝的に決定されるといわれている多発性硬化症などの免疫性疾患の発症は、必ずしも一卵性双生児の両方に起きるとは限らない。アレルギーなどもそうである。そこには遺伝子を再構築するという後天的な営みによって生成した第二の見る「自己」という行動様式があるからである。

以上のように、免疫学的「自己」というのは、もともと遺伝的に決定されていた「自己」のＭＨＣと、それを認識し、それに適応していった後天的な行為者としてのT細胞の二重性によって成立している。見られる「自己」と見る「自己」のせめぎ合いである。

上記の事情を知れば、どうしてキメラが生き延びることができなかったのか、すぐ理解できるはずである。Ｔ細胞は、胸腺という劇場の中で、まず見られる存在としての「自己」ＭＨＣに対応できるように作り出される。ニワトリの胸腺の中にあった「自己」とは違ったＭＨＣを持つ、ウズラの細胞は当然「非自己」になるわけだから。

胸腺の劇には、だから二つの「自己」が登場する。もともと遺伝的に決定されていた見られる「自己」としてのＭＨＣの型と、見る存在としてのＴ細胞。そのせめぎ合いの結果として、遺伝的な「自己」の上に、後天的な「自己」の行動様式が作り出される。後天的「自己」の方は、その後も細菌感染やウイルス感染などの経験を重ねることによって変わってゆく。しかし、遺伝的な「自己」の方は一生変わらない。この二重構造を持つことによって、免疫系は個体の同一性（アイデンティティ）を守りながらも、新たな記憶を蓄積し、予期せぬ事態にも対処できる柔軟な行動様式を持つことができたのである。

自己の同一性（アイデンティティ）というときには、何と何が同一なのだろうか。それはまず時間的な同一性を意味する。昨日の私と今日の私、そして二十年後の私は、新しい経験を日々積むことによって少しずつ変わってゆくことだろう。それにもかかわらず、私という存在は基本的には同一である。それは遺伝的な「自己」に適応するように、新しい「自己」の行動様式が追加されてゆくからである。

もうひとつは、部分の「自己」と全体の「自己」の同一性である。キメラや移植は明らかにこれに反する。個体の遺伝的な自己標識のすべてが胸腺内で提示されて、Ｔ細胞はそれだけを「自己」と認識しているのならば、異なったMHCを持つ部分は「自己」ではあり得ない。臓器移植という医療は、この同一性を破壊しなければ成立しない。そのときは見る「自己」としての免疫系を、どのようにしてめくらましするかというのが、鍵となる。それは決してたやすいことではない。

さらに、見る「自己」と、見られる「自己」の同一性も問題になるだろう。見られる「自己」としてのMHCに対して、見る方の「自己」であるT細胞は、「非自己」の「自己」への侵入を看視する。しかし見る「自己」の行為者であるT細胞が、見られる「自己」である体の細胞との間の同一性を失ったとき、免疫系は当然深刻な矛盾に陥る。自己免疫性疾患は、見る「自己」と見られる「自己」の間の同一性の破綻による相互排除の現れである。キメラも自己免疫も、鵺の結末に象徴的に示されているように、その運命は暗い。

第八章　老化——超(スーパー)システムの崩壊

老いの実像

平安中期または末期に成立したとされる「玉造小町子壮衰書」は、往時絶世の美女として名を馳せた女が、いまは老いさらばえて巷を徘徊している悲惨な姿を描いた長編の詩である。この女人が本当に小野小町であった直接の証拠はないが、一般には彼女のなれのはてを描いたものと解釈され、その後の小町伝説の原形となっている。

その冒頭を読んでみよう。

予(われ)
行路の次(ついで)、
歩道の間、
径の辺(ほとり)途の傍(おおち)に、

一(ひとり)の女人有り。
容貌顦顇(かじ)けて、
身躰疲(つかれ)痩(や)せたり。
頭(こうべ)は霜蓬の如く、
膚(はだえ)は凍梨に似たり。
骨は竦(そばた)ち筋抗(あが)りて、
面は黒く歯(きば)黄めり。
裸形にして衣無く、
徒跣(つるはぎ)にして履(はきもの)無し。
声振ひて言ふこと能はず、
足蹇(な)へて歩むこと能はず。

（以下略、杤尾武校注、岩波文庫『玉造小町子壮衰書』より）

後にさまざまな小町老衰図に描かれることになる老残の小町像の原形がここにある。観阿弥作とされる能「卒都婆小町」は、この「玉造小町子壮衰書」を原典としている（図18）。多くの詩句をそのままこの書から引用して、老いた小町の矛盾した行動を劇にしている。百歳に近い老婆となって巷に物乞いをしている小町が、道端の朽ちた卒都婆に腰をかけ

図18　卒都婆小町。百歳に余る老婆となって物乞いをしている老女小町が、疲労のため卒都婆に腰をかけて休んでいるところ。橋岡久馬所演、森田拾史郎撮影。

て休むところから劇は始まる。それを見とがめた高野山の聖との間に、舌端火を吐く卒都婆についての教義問答となり、ついに聖をやりこめてしまう。驚いた聖が乞食女の足もとに額をつけて三度の礼をなしたのに、女はそれさえも見下して相手にしない。

小町は「玉造小町子壮衰書」の詩句を長々と引きながらいまの零落老残のありさまを物語るが、ついには抑制がきかなくなって狂乱し始める。ここでは小町自身が、かつて小町に恋した深草の少将と人格が入れ代わって、百夜通いの末に狂い死にしたところを見せるのである。

作者不明の能「鸚鵡小町」もこの延長にある。関寺あたりに逼塞している老残の小町が、帝からの使者に対していとも奇矯なふるまいに及んだことを主題にしている。ここでは、陽成院の臣下の新大納言行家という貴族のちょっとした言葉違いに傷ついて、いささか感情的なやりとりの末、帝の下しおかれた憐れみの歌の一字だけをかえて、鸚鵡返しの返歌をするという傲岸の挙に出る。「雲の上はありし昔に変らねど、見し玉簾の内やゆかしき」を「内ぞゆかしき」としてそれを自分の返歌だというのである。そしてここでも、かつて追っかけていった美青年在原業平の玉津島奉納の舞いをまねた舞いを舞ってみせる。舞い疲れて、そっけなく行家を追い返したあとで、我を取り戻した小町は、再びただの老婆に返って、身を嘆き涙するという筋である。そこには、鸚鵡返しをすることによって鏡に映し出される、かつての若かりし日の美と嬌慢が、現実の醜い老いの対極として現れる。実際には、老女の能ということで抑制に抑制を重ねた演出で上演されるが、その底には老いた女のきわめて複雑な心境が流れているのである。

老いという現象

医学では、老化とは「加齢に伴う不可逆的生理的機能の減退」と定義されている。たしかに老化に伴ってさまざまな機能が低下してゆく。しかしそれは、使おうと使うまいと、何十年もたてば冷蔵庫だって自動車だって古くなり動かなくなるのと同じだ。その意味なら金属だってゴムだって老化する。

しかし、壮衰書に描かれた玉造小町も、能に現れた百歳の小町も、単なる生理機能の減退の姿といったなまやさしいものではない。そこには、金属やゴムが時間とともに劣化するのとはちがったもっと積極的で悪性度（マリグナンシー）の高い老いの実像が現れている。単に生理学的機能の低下という観点からでは老化の実像には迫れない。

私は、個体の生命の発生を超（スーパー）システムの成立過程として把えようとしてきたが、いまそれと同じやり方で、老化を超（スーパー）システムの崩壊過程としてながめてみようと思う。

人間は老いを何によって感知するのか。「玉造小町子壮衰書」に描かれているように、肉体の衰え、毛髪や皮膚の変化などの身体的徴候、運動や知的活動の低下などを実感するというのがまず第一段階であろう。

そうしたさまざまな身体的老化は次々に重層化していって、ついには個体を人間社会から隔離してゆき、やがては死に至らしめる。老化は、ひとりひとりの個体の寿命を、人間という種に遺伝的に決定されている「種の寿命」の範囲に制限する積極的な役割を果たしている。

ひとつひとつの老化現象がどのように進行するかについては、近年精細に解析されている。たとえば皮膚の外見的老化などは、表皮細胞の分裂能力の低下と変性のほかに、皮下の結合組織にあるコラーゲン線維の分子間に化学的な架橋が生じ、水溶性が失われて硬さを増し、膚の緊張が失われて皺だらけになる。メラニン色素を持つ色素細胞がかたまって増えて黒いシミ（老人性母斑）ができる。「玉造小町子壮衰書」に現れた「膚は凍梨に似たり」というのはこういうことである。

骨格筋のうちでも赤筋と呼ばれる筋力の源の筋線維が萎縮し、運動能力が低下する。その上、骨のカルシウム塩は老年の女性では三十パーセント以上も失われてしまう。そこに脳神経系の細胞の減少による知的機能や反射運動能力の低下が加わって、「声振ひて言ふこと能はず／足蹇へて歩むこと能はず」となる。

しかし、こうして老化の医学的諸症状を書き写してみると、それが全くの現象論に過ぎないことに気付く。「凍梨に似たり」というのを、コラーゲンの変化とか老人性母斑などと言いかえても、単に同じ現象を科学の言葉に置き換えて記述しているに過ぎない。二十世紀においても、二十歳の小野小町と百歳の小町の皺の数は違うのが当然である。

老化についての医学的研究は、一時期、こうした老化のいろいろな現象の記述に終始していた。百歳の小町の皺の数をどんなに正確に数え、統計的に扱ってみたとしても老化の本質に迫ることはできなかった。

次の段階は、老化のさまざまな現象を、統一的に説明できるメカニズムを解明しようという研究であった。多くの研究者がこれに従事して、いくつかの老化原因のモデルが提出された。

主なものの幾つかを眺めてみよう。

老化のプログラム

第一は老化のプログラム説である。老化というのは、ゲノムの中に遺伝的にプログラムされているはずだ。時間とともにそのプログラムが発現してゆくことによってすべての細胞は老いて、個体は遺伝的にセットされた寿命内で死ぬと考えるのである。

動物の寿命は種ごとにおおよそ決まっている。マウスやラットの最大寿命は約三年で、その期間に、最大寿命約百年とされる人間の一生に起こるすべての事件、生長、成熟、生殖、老化、死のすべてを経験する。人間の次に長命なのは象で、おおよそ七十年生きることができるという。第四章にも登場したエレガンス線虫という下等動物は、最長で三十日程度の寿命を持つ。平均寿命は十四日程度である。そのたった十四日の間に生長し、生殖し、老化する。

種によって最大寿命が決まっているという事実は、老化－死が遺伝的にプログラムされていることを示す。それでは老化の遺伝子はどこにあって、どのような形で寿命を制限しているのだろうか。

エレガンス線虫では、少なくともひとつ、老化を規定している遺伝子が見つかっている。

*age-1*と呼ばれるこの遺伝子に変異が起こると、平均寿命が二十三日ほどに延長する。同時に、一生の間に生む卵の数の方は五分の一以下に減ってしまう。この同じ遺伝子の一部が別な読みとり方をされると、エレガンス線虫の精子形成能力を変化させる。生殖に関係している遺伝子が、老化の速度を調節していたのだ。もっと高級な脊椎動物では、それに相当する寿命を左右する遺伝子はまだ見つかっていない。

一九六一年、Ｌ・ヘイフリックとＰ・モアヘッドという二人の学者が、ショッキングな事実を報告した。人間の皮膚からとった線維芽細胞を必要な栄養素をすべて含んだ培養液中で培養すると、どんな良い条件を与えてもおよそ五十回分裂すると増殖が止まってしまい、やがて死に絶えてしまうというのである。それは、大腸菌やカビなどが、無限に分裂を続け、寿命というものが存在しないのと全く違う現象だったのである。また何十年もの間試験管内で培養し続けることができた、HeLa細胞という人間の癌細胞とも違う事実だった。

正常の線維芽細胞には、限られた回数の分裂をすると、そこで死ななければならない運命が、遺伝的にプログラムされているらしい。

ヘイフリックはさまざまな個体から取った線維芽細胞の培養を行って、試験管内での分裂回数の制限が正常の細胞では例外なく起こることを示した。それは「ヘイフリック限界」と呼ばれるようになった。さらに若い人からとった線維芽細胞の分裂回数は、高齢者から採取した細胞のそれより多く、生体内ですでにヘイフリックのモデルの寿命のカウントが始まっていたことが示されたのである。

動物の最大寿命は種によっておおよそ決まっているといった。そこで、さまざまな動物の線維芽細胞をとって培養してみると、試験管内での最大分裂回数とその動物の最大寿命との間には直線的な平行関係があることがわかった。たとえば、百年の最大寿命を持つ人間の細胞の試験管内分裂回数が五十～七十回とすると、最大寿命十年のウサギでは二十回、寿命三年のマウスでは十回以下であった。人間より長命とされるガラパゴスゾウガメの細胞では、百回を優に越えたという。

人間の遺伝的な疾患として、短い年月のうちに老人になってしまう病気がある。早発性老化症という。十歳くらいで頭髪が抜け落ち老人のような顔貌になってしまうプロジェリア、二十歳代でほとんど老人のようになってしまうウェルナー症候群などである。寿命も短い。こうした早発性老化症の患者から得られた線維芽細胞の分裂回数は、正常の人よりはるかに少なく、四十歳代の患者からの細胞ではしばしば十回以下で増えるのを停止してしまう。これは正常の四十歳代の人の分裂回数の約五分の一である。

ヘイフリックのモデルの分裂制限に関与しているタンパク質とその遺伝子の研究も進められているが、正確にはまだ決定されていない。老化細胞と若い細胞とを細胞融合という方法で合体させると、老化細胞と同じような分裂の抑制が起こったので、老化細胞の方に優勢な変化が生じているらしい。

それでは細胞はどのようにして分裂の回数を記録し、その時が来たとき分裂をやめさせるのだろうか。この点に関しても正確な答えはまだない。しかし最近、この分裂回数をカウントしているらしいＤＮＡがみつかってきたのである。

　それはテロメアと呼ばれる、それ自身はタンパク質をコードする能力のない、意味のないＤＮＡの繰り返し構造である。

　人間のゲノムは二十三対の染色体に配分されており、遺伝情報はこの染色体の中にすべて収められている。三十四億対のヌクレオチドから成るゲノムのＤＮＡは、二重らせんの形で細かく折りたたまれて、二十三対の染色体に収蔵される。細胞の分裂が起こるたびにそれぞれの染色体は二つに分かれるが、その際二重らせんＤＮＡの鎖もときほぐされ、鎖は一本ずつそれと対応する（相補的な）もう一本の鎖を合成させてペアを作り、分裂したそれぞれの細胞の中で再び二重らせんのゲノムを再生するように分配されるのである。

　それぞれの染色体の両端に当たる部分にはテロメアと呼ばれるＤＮＡの無意味な構造がつながっていることが知られていた。人間ではＴＴＡＧＧＧという六つの文字が繰り返されたＤＮＡのつながりである。その暗号が、何百回も繰り返されながらくっついているのである。人間の染色体では、二十三対の染色体の両端に、このテロメアが二千回も繰り返しくっついている。

　この暗号は、どんなに長くつながっても、読み始めの構造も読み終わりの構造も現れない。したがってタンパク質に翻訳することができない無意味な配列である。

細胞が分裂してDNAが複製されるとき、この無意味な配列もいっしょに複製されるので、何の役にも立たないのに自己複製だけをしているいわゆる「利己的DNA」に属するものとされてきた。

ところが面白いことに、培養した細胞が分裂するたびにこのテロメアの長さが短縮してゆくことがわかったのである。一回分裂するたびに五十文字程度ずつ少なくなってゆく。なんと、テロメアは細胞の分裂回数を数えているらしいのである。まるで回数券のようである。

老人から取った細胞のテロメアの長さは、若い人の細胞よりかなり短い。すなわちテロメアの短縮による寿命のカウントは、培養した細胞に限ることなく、生きた人間の体の中でもう自然に始まっていたのである。回数券はすでに使われていたのである。また先に述べた早発性老化症の患者の細胞でもテロメアの長さは、同じ年齢の正常の人に比べてはるかに短い。さらに、個体を作り出すための最初の細胞、人間の精子や卵子などの生殖細胞は最も長いテロメアを持っていることがわかった。

こうしたことから、テロメアの長さと細胞の老化との間には関係があるだろうということになった。テロメア自身は特別な遺伝情報を持っているわけではないが、それがすっかり短縮してしまうと染色体が不安定になって互いにくっつき合ったりして、細胞分裂がうまくゆかなくなる。そのために細胞は再生能力を失うのではないかと考えられるようになった。

一方、いくらでも分裂できる単細胞生物や、不死化した癌細胞などでは何度分裂してもテロメアは短くならない。テロメアを継ぎ足すテロメラーゼという酵素が働いているからである。テロメラーゼは、受精卵から胚が発生する途中までは細胞の中に発現しており、役割が決まった体細胞への分化が終了すると、テロメラーゼの発現が止まって、その時点で細胞に有限の分裂回数がセットされると考えられている。癌化した細胞では、しばしばテロメラーゼが発現しており、分裂回数を数える時計を狂わせているらしい。分裂のための回数券が無数に発行されているのである。

こうしてテロメアが、細胞レベルでの老化プログラムのひとつとして働いている可能性が出てきたのである。しかし、テロメアの短縮という現象と、個体の老化との間にはまだ埋めなければならない多くのギャップがある。

脳の老化

テロメアの短縮による細胞分裂回数の制限ということだけでは老化は説明できない。線維芽細胞、皮膚の上皮細胞、骨の細胞、免疫血液系の細胞、消化管の内面を覆う粘膜上皮細胞などは、毎日一定数が死んで、その分を細胞分裂によって補給されるので再生系細胞と呼ばれる。それに対して、脳神経系の細胞や心臓の筋肉細胞などは、生まれたころにはすべて作り出されて、出生後は分裂や増殖をしない。筋肉が運動することで太くなるのは細胞が肥大するだけで、数が増えるわけではない。脳神経系細胞も生後は分裂しない。その後は複雑な神経突起を介したニューロンのネットワークを作って、脳の「自己」という超（スーパー）システムを作り出し維持してゆくだけなのだ。

　生後分裂増殖することをしない非再生系の細胞から成る脳神経系が老化してゆくのを、「ヘイフリックのモデル」ではもちろん説明できない。脳神経系の老化はまず、神経細胞が「生理的に」死んでゆくことから始まる。これも一種のアポトーシス（プログラムされた死）であるとされている。二十歳を過ぎたころから、一日十万個ていどの細胞が脳の中で死んでいくといわれている。アルコールや薬剤はこれを助長するという。

　それにもかかわらず、脳神経系の老化による変化は、他の臓器に比べてむしろ軽微である。それはこの臓器が、百四十億個を超える大脳の神経細胞（ニューロン）で構成される、きわめて予備能力の高いシステムであるからである。たとえ五十年間にわたって一日十万個の細胞が死んでいっても、たかだか十三パーセント程度の減少に過ぎない。百歳になって初めて約二十パーセントの神経細胞が死ぬ計算である。それに対して、一生の間で使われている神経細胞は十パーセントていどといわれている。

　だから、知的活動の衰えない百歳老人がいる。それは、脳神経系細胞には高い代償機能があって、ひとつの細胞の死を別の細胞が代償してくれるからである。神経細胞の機能は、細胞から長く伸びた樹状の突起が他の細胞の突起と繋がって細胞間の回路を作ることによって行われる。しかしこの突起は、年とともに木の枝が枯れ落ちるように消えてゆく。そういう細胞が現れると、一方で逆に突起が増えてゆく細胞もあることがわかっている。

記憶と関係のある海馬と呼ばれている部分の神経細胞では、突起の数が老人で逆に増えていることがあるという報告がある。しかし痴呆老人では明らかに減っている。

重要な機能を持った特定の部位の細胞に集中的に細胞死が起こると、知的機能や運動機能の障害が起こる。中脳の黒質という筋肉の緊張に関係した神経細胞の集まったところの細胞が死ぬと、手が震えたり、早く歩くことができなくなる。「声振ひて言ふこと能はず／足蹇へて歩むこと能はず」はこのためである。

また大脳の下面にある視交差上核という、小型の神経細胞が集合している部分は二十歳代から神経細胞が少しずつ少なくなってゆくことが知られているが、ここは生理現象の日内変動を司る部位で、老人が昼と夜を間違えたり、睡眠障害を起こしたりするのはこの部分の細胞が死んだためである。

脳神経系の細胞の運命的な死は次々にこうした問題を作り出してゆく。しかし何とかして知的活動を維持していた脳が、ある時期ついには崩壊してしまうのはなぜだろうか。その理由として、神経突起の増加という代償によってかろうじて支え合っていた神経系ネットワークで、ひとつの細胞の死を契機に、連続的な細胞死が起こり、欠陥を拡大してゆくからではないかといわれている。

神経突起を代償的に増やしてつながっていた細胞自身もすでに老化しており、支え合っていたひとつの細胞の死をきっかけに次々に死んでゆく。神経細胞が生き延びるためには、神経突起で結合することによって、神経成長因子などの生きるためのシグナルが与えられることが必要であることは前にも述べた。老人が、風邪をひいて寝込んだだけで、急激にぼけが進むなどはこのためである。

ここにはテロメアは関係していないが、プログラムされた細胞死を実行させる、システム内部の環境要因が鍵を握るだろう。

老化学説の多様性

こうしたさまざまな老化の形態を統一的に説明しようとして、いくつかの学説が提出されている。代表的なものを紹介しよう。

体細胞突然変異説は、生きてゆく間に体細胞の遺伝子に突然変異が生じたり、放射線や紫外線によるＤＮＡの障害の結果が老化を引き起こすという。細胞が分裂している環境に、紫外線などがかかるとＤＮＡ鎖に障害が起こる。細胞はそれをＤＮＡポリメラーゼという酵素で修復しているが、その修復にエラーが生じ、年々蓄積することによって細胞機能が低下してゆくという説である。じっさい、早発性老化症プロジェリア患者の細胞では、DNAの鎖を放射線で切断すると修復が起こりにくいといわれている。しかし、種によって最大寿命が異なることなどはこれでは説明できない。

さらに、DNAの遺伝情報の発現が正確に行われなければ細胞は正常に機能することができない。情報発現の段階でもエラーが生じると異常なタンパク質が蓄積したり、誤った機能分子が作り出されたりする。アルツハイマー病の老人の脳に沈着するβアミロイドやリポフスチンのような老化物質は、遺伝子の転写や翻訳における異常がもとになっている。また正常に作り出されたタンパク質であっても、分子間に架橋などの化学反応が生じて物性が変化することも老化現象の要素となる。皮膚のコラーゲンや血管のエラスチン分子で起こる分子間架橋は、皮膚や血管の弾性の低下の原因となる。

こうしたさまざまな変化の統一的な原因として、活性酸素による生体内分子の酸化傷害があると考えるのが、いわゆる老化のフリーラジカル説である。細胞がエネルギー代謝をして活発に働けば働くほど、必然的に反応性に富んだフリーラジカル（遊離基）という反応基が生じる。活性酸素の類である。活性酸素は、タンパク質、核酸、脂質などの体の構成成分に強力に反応し、過酸化物を作り出す。細胞膜を構成する不飽和脂肪酸が酸化されて過酸化脂質になると、細胞膜の機能障害が起こる。インスタントラーメンなどの保存食が劣化するのも過酸化脂質が作り出されるためである。活動する体の中では、それが常に進行しているのである。激しい運動をすれば当然活性酸素が作り出される。スポーツは常に体にいいわけではない。

フリーラジカルの生成は、これまで述べた突然変異、DNAの障害、異常タンパク質の生成などさまざまな老化現象の大もとに関与していると考えられている。テロメアの短縮にもそれが関係しているらしい。脳神経系細胞のアポトーシスによる死にも関係しているかも知れないといわれている。

そうだとすれば、酸素を吸ってエネルギーを作り出すことによって生存している人間は、自分の中で必然的に、常時老化原因を生産していることになる。生きていることは老化することである。いまのところ生体内での酸化傷害を阻止できるような抗酸化剤はない。

免疫系の老化

しかし、このように老化の諸相を点検してくると、それがどうしようもない循環論法に陥っているのに気付く。たしかに細胞レベルでの分裂の制限、分子レベルでの過酸化の進行、遺伝子レベルでの修復の障害、プログラムされた細胞死、それぞれ納得がゆく。しかし人々が実感している老いの実像からはほど遠い。

個体の老いの中には器官や細胞の老いが入り込み、細胞の老いには分子の老化が、そして分子の老化をもたらす遺伝子の変化が、というように老化には入れ子構造のように小型の老化が入り込んでいる。私は前著『老いの様式』（誠信書房、一九八七年）でそれを老いの多重構造と呼んだ。

「老いの波」というように、さまざまな老いの現象が経時的あるいは立体的に押し寄せてくるのが老いである。世阿弥作の能「関寺小町」では、百歳の姥となった小町が、「忍ばしの古の身やと思ひし時だにも、また故事（ふるごと）になり行く身の、せめて今はまた初めの老ぞ恋しき」と嘆く。初めて老いを発見して恥と衝撃を感じたその時でさえも、いまとなっては懐かしいという老いの多重構造である。老化の生物学的研究は、この入れ子のひとつひとつのふたを開けて、中身をひとつひとつ点検しているのが現状で、開けても開けても次の入れ子が現れてくるだけなのだ。全体の老いと部分の老いの関係はまだ見えてこない。

それを考えるため、もうひとつの入り口として免疫系の老化を考えてみたい。

これまで何度か述べたように、「免疫」というのは後天的に生体が確立する、身体の「自己」の行動様式である。私はそれを、高次の生命の基本としての超（スーパー）システムとして位置づけた。

免疫学的「自己」が、ＨＬＡのような遺伝的な多様性を見ながら、行動様式としての免疫系を成立させてゆく過程については、前章で詳しく述べた。

また免疫血液系の細胞群が、もともとは一種類の造血幹細胞から、ゲノムに書かれていた遺伝的プログラムとそれを引き出す内部および外部の環境因子をもとに、「自己生成」してゆくことも繰り返し述べてきたところである。それでは超（スーパー）システムという観点から免疫系の老化を眺めると、何が見えてくるであろうか。

免疫超（スーパー）システムを作り出す重要な臓器「胸腺」は、人間のあらゆる臓器のうちで最も老化を鋭敏に映し出す臓器である。胸腺という臓器の構造は生まれる前にすでに完成し、出生直後が最も細胞密度の高い時期である。十歳代までは胸腺は重量を増して最大三十五グラム程度に達するが、その後は年齢とともに縮小し、四十歳代以降では胸腺の大部分は脂肪組織に置き換えられ、六十歳ごろには大きくても十五グラムくらいになってしまうが、重量の大部分は脂肪で、免疫細胞を作り出すことのできる実質はたったの五グラム以下に減っているのである。

人体の全ての臓器の中で、これほどまでに加齢の影響を受ける臓器はほかにない。肝臓も腎臓も肺も、加齢によって重量は減るし機能低下も認められるが、大きさが三分の一にもなってしまうような臓器はほかにはない。こういう事実をもとにして、胸腺が老化を支配する体内時計であるという説も生まれた。

人間やネズミだけでなく、最大寿命約三年のメダカでも、胸腺は加齢によって規則正しく縮小してゆく。メダカで加齢が計れる臓器は他にはない。

胸腺は、はじめ内分泌臓器と考えられていたように何種類ものホルモンを分泌し、また他の内分泌臓器が作り出したホルモンの影響も受けやすい。胸腺ホルモンとして発見されたサイモシンやサイモポエチンは、免疫細胞の分化や成熟に関わると同時に、加齢を反映して増減していることから、一時は老化との関係で盛んに研究されたが、現在では数あるペプチド性ホルモンのひとつとしてあまり注目されてはいない。

胸腺と老化の関係で最も重要なのは、胸腺ホルモン分泌の多寡ではなくて、そこで作り出される免疫細胞、T細胞の質と数である。

T細胞には数年にわたって生存する著しく長命な細胞もあるが、一般にはきわめて短命で数週間で生命を終える。一日に数十億個ものT細胞が死んでゆく。

死んでゆくからにはその分を補給しなければならない。補給は、すでにリンパ組織に分布したT細胞が分裂して子孫を作り出すのと同時に、胸腺を介して、造血幹細胞から新しくT細胞が作り出されなければならない。T細胞は、「自己」と「非自己」を識別して免疫の体制を作る細胞だから、前にも述べたような厳格な「自己」識別の教育をした上で胸腺から選び出される。こうして選び出されたT細胞は、「自己」を破壊することなく、しかし「自己」が異物によって侵害された時にのみ有効に働く細胞である。しかもそのT細胞には補助分子CD4を持つヘルパーT細胞と、補助分子CD8を持つキラーT細胞、サプレッサーT細胞がおおよそ二対一の割合で含まれていなければならない。

その中心的役割を持つ「胸腺」の細胞が、六十歳代にもなれば十分の一程度に減ってしまうのだ。徐々にその影響は現れてくるはずである。

老人の直接死因の第一は感染症である。若者にとっては何でもない風邪などの感染症が、老人にとっては命とりになる。いわゆる日和見感染といわれる、通常は無害な微生物の侵入が老人には致命的な病気を起こす。老人結核はいまでも大問題である。これらは老化によって免疫系に大きな欠陥が生じたことを示す。

O型の人が自然に作り出しているA型赤血球に対する抗体は、四十代になるともう十歳代の五十パーセントにまで減っているし、サルモネラ菌に対する感染抵抗力に関与する自然抗体も同様なカーブで低下していることがわかっている。ところが、全身性ループスのような自己免疫病の病因となる、自分の核成分に対する自己抗体の出現頻度は四十歳代から増加してくる。六十歳以上の女性では半数以上が自己抗体を持っているのだ。胸腺の退縮は「非自己」に対する反応性を低下させると同時に、「自己」を破壊する可能性を持つ自己抗体の生産を促しているらしい。

この事実は生物学的には重大である。自分で作り上げた免疫という「自己」の超(スーパー)システムが「自己」を破壊する抗体を作り出したのだ。

私はかつて、老人でみられるこの矛盾した反応性がどのようにして起こるのかを実験動物で調べたことがある。学界ではあまり注目されなかったが、かいつまんでその結果だけを述べる。

まず老化動物におけるT細胞の遺伝子の表現を調べた。若い動物のT細胞では、CD4を持っているヘルパーT細胞と、CD8を持っているキラーT細胞、サプレッサーT細胞がおよそ二対一で存在している。ところが老化にしたがって、CD8を持っている細胞の方が著明に減少して、時にはほとんど存在しなくなってしまうことがわかった。これは人間でも同様で、五十歳代からCD8を持つT細胞が減り始め、八十歳代以上の老人ではほとんど検出されないことさえある。

さらに比較的よく保たれているCD4ヘルパーT細胞の方にも質的異常が現れることが見つかった。第一は、異物を認識するためのT細胞表面の受容体、TcR分子の数がひとつの細胞あたり若い動物のT細胞の五分の一から十分の一にまで減少していた。このT細胞を刺激してサイトカイン（細胞由来の活性因子）の生産を調べてみると、あるサイトカインの生産（IL2など）は低下しているのに、別のサイトカイン（IL4など）の生産は逆に突出して上昇していた。

その上、老化動物のT細胞は、何の刺激もしていない条件で分裂増殖したり、サイトカインを分泌しているというような、一種の興奮状態にあることがわかった。

この無刺激状態での反応性は、実は「自己」のＭＨＣ（主要組織適合抗原）とT細胞が反応していることによって起こっていたのである。それに対して、「非自己」由来のＭＨＣで刺激してやっても、老化動物のT細胞はほとんど反応しなかった。しかも別の複雑な実験でわかったことは、こうしたT細胞の矛盾した反応性を作り出しているのが、その大もととなる造血幹細胞に老化が蓄積されていたためではなくて、幹細胞からT細胞が分化するための場としての胸腺が老化していたためということである。

　こうして露呈された免疫系の老化は、細胞の分裂回数の低下とか、生理機能の減退というようななまやさしいものではなくて、免疫超（スーパー）システムという体制自体の崩壊を反映しているものであった。胸腺という、「自己」の生成の場が衰退した結果起こった「自己」の体制の崩壊である。

　生命という超（スーパー）システムは、遺伝的プログラムを次々に引き出し、多様な要素を作り出してそれを自己組織化することによって成立する。作り出されたさまざまな要素は、まず相互依存的に充足した閉鎖構造を作り、さらに内部および外部の情報を取り入れることによって「自己」の体制を確立し、それは状況に応じて流動的に運営される。これが超（スーパー）システムのルールである。

　再生系であれ非再生系であれ、老化とともにその要素の一部に修正不可能な欠陥が生じる。その原因は、さまざまなタイプの再生系細胞に不規則に起こってくる細胞分裂の制限とか、それによって起こる構成要素のアンバランスもある。またアポトーシスを介した免疫系や神経系のネットワークの構成要素の部分的欠落であってもよい。それが超（スーパー）システムの予備能力を超えたとき、必然的にシステムは崩壊の道を選ぶ。それは自己適応による自己生成という、機械を超えたルールを選んでしまった超（スーパー）システムの必然的な帰結である。生理的機能の減退などというおだやかなものではなかった。

そうだとすると、百歳の小野小町にみられた醜悪な老いの姿は、美しい超（スーパー）システムが必然的に経験しなければならぬ末路なのかもしれない。

第九章　あいまいさの原理

生命のあいまい性

この本で、私は超（スーパー）システムとしての生命のさまざまな局面にぬきがたく存在しているあいまい性について繰り返し述べてきた。このあいまい性は、生命が機械を超えて「生成」するための重要な原理のひとつである。

ここで「あいまい」というのは、大江健三郎氏がノーベル文学賞受賞講演「あいまいな日本の私」で述べているのと同じで、ひところ流行したファジー（fuzzy）とか、ヴェイグ（vague）とかいうのではない。アンビギュアス（ambiguous）に相当するものと思う。

生命の基本的属性として私が取り上げた「自己」というのも、「非自己」から明確に遮断されていたわけではない。「自己」は実際には、ＭＨＣに結合したペプチドのT細胞受容体（TcR）による認識という点から見ると「非自己」と同じ線上にあったのだが、生命はさまざまな戦略を用いて「自己」を「非自己」から区別している。「自己」と「非自己」は連続したまま区別されているのだ。

大江氏は、「日本」を、そこに生きている「私」ともども、近代史の中で両極に鋭く引き裂かれたあいまいな存在として位置づける。その両極には、近代化の結果として獲得された西欧文明と、それにもかかわらずしたたかに生き続ける伝統的な日本の文化があり、またアジアにおける侵略者の役割を演じた加害者としての日本と、広島、長崎の核攻撃の犠牲者として告発する側の日本がある。そうした両極端に引き裂かれたあいまいさの中から、何が生まれるか、というのがこの講演のひとつの主題であったと思う。

大江氏は、そうしたあいまいな「日本」における「私」のさまざまな可能性を論じているが、必ずしもあいまいさの積極的な意義を引き出しているわけではない。むしろ他の講演（「回路を閉じた日本人でなく」）では、「あいまいさ」を断ち切ることによって初めて西欧に対して「回路」を開くことができ、「『あいまいな日本の私』でなくなることを苦しみとともにねが」うという文脈になっている。大江氏は、あいまいさを「日本」の「私」のぬきがたい属性として受け入れながらも、その積極的な創造性を必ずしも認めようとしていないようにも思われる。

しかし私はこの小論で、生命現象のあいまいさ、「多義性」や「同義性」、「冗長性」などを点検しながら、あいまいさの積極的な側面を探ってみようとした。それは生物学者としての私の、日本文化への希求につながるといってもいい。

生命においてあいまいさから何が生まれたのか。それは高次の生命活動である文化に何を与え得るのか。

あいまいな遺伝子

生命活動のすべての情報は、基本的にはDNAで構成されるゲノムに含まれている。ゲノムには、直接にタンパク質の構造を決定する構造遺伝子、その遺伝子の発現の仕方を指令する調節遺伝子などが存在し、それらの相互作用によって複雑な生命活動が行われている。一見すると、すべてはDNAで正確に決定されているように見える。

しかし、こうした意味のわかった遺伝子のほかに、それ自身ではタンパク質の構造を指令することもできないし、調節機能も存在しないおびただしい量の無意味なDNAのつながりがあることも知られている。それは高等脊椎動物では九十五パーセント以上にも及ぶ。

ウイルスや細菌のような下等な生物のゲノムは、ほとんど全部が意味のあるDNAの暗号から成るが、人間を含む高等な動植物では、無意味な暗号のつながりの方がはるかに多く、タンパク質を指定する構造遺伝子は人間ではたった二〜三パーセントていどに過ぎないと言われる。それでも約十万種類ていどのタンパク質を指令することができる。タンパク質をコードしないDNAの中には、かつては遺伝子として働いていたが、進化の途上で突然変異が起こって役に立たなくなってしまった遺伝子の残骸や、不完全なできのためタンパク質をコードできなくなった偽遺伝子なども含まれているし、かつて余分にコピーされて蓄積されたまま自動的に受け継がれている無意味な暗号の繰り返しもある。またレトロウイルスなどが、外界から人間のゲノムに入り込んだり持ち込んだりしてそのまま残骸となった、ウイルス由来と思われるＤＮＡも含まれている。起源のわからない、しかし異様なほど多い、直接には意味を持たないＤＮＡの配列を含みながらも、それぞれの種のゲノムは自己充足した安定した小宇宙を形成している。ゲノムというのは、ＤＮＡによって合目的的に構築されたシステムではなく、自分のルールを作りながら生成拡大していった超（スーパー）システムの典型なのである。

　こうした流動性を含んだ集合体であるゆえに、ゲノムはＤＮＡの新しいつながり合いや重複、変異などを起こして進化を促し、チョムスキーが生成文法論で強調した言語の「創造性」に相当する「自己創出能力」（中村桂子『自己創出する生命』哲学書房、一九九三年）を持つようになったのである。

　遺伝子というと、それで何もかも厳格に決定されているような印象を与えるが、けっしてそうではない。ひとつの遺伝子が何種類ものタンパク質に読みかえられるような場合もあるし、免疫グロブリン遺伝子のように要素がつながり合って予測しえないタンパク質を作り出すこともできる。

たとえば第二章にも触れた免疫の機能を調整するのに大切な役割を持っているCD45という脱リン酸化酵素の遺伝子は、タンパク質に読みとられる部分（エクソンという）が十ヵ所にもわかれて一本の染色体の上に存在する。それぞれのエクソンの間には、タンパク質に読みとられることのない無意味な部分（イントロンという）が入り込んでいる。この遺伝子は、まずエクソン部分もイントロン部分も含めて、長い暗号としてRNAのテープに転写され、やがてエクソン部分だけがつながり合ってタンパク質に翻訳されてゆく。その際RNAのテープ上に転写されているイントロン部分の暗号は切り落とされる（これをスプライシング、「切りとり」と呼ぶ）。別々にあったエクソンの部分まで一緒に切り取られれば、残りのエクソンの組み合わせで少なくとも五種類の構造の異なったタンパク質が作り出される。つまり遺伝子を読みとってタンパク質にする時に、飛ばし読みをしたり、適当な語句を入れたりという「編集」をしているのである。その結果、異なった四つの文章が生まれることになる。

たとえば「サイタサイタサイタ」という文章の一部を飛ばし読みすると「サイタサイタサイタサクラガサイタ」とか、「サイタサクラ」とか、「サクラガサイタ」とか、違ったタイプの文章が現れる。

こうしてひとつの遺伝子から作り出された異なったタンパク質は、少しずつ異なった働きを持ち、異なったタイプの細胞に出現してその働きを規定する。免疫細胞の場合では、異物に初めて反応した細胞と、すでに反応したことによって記憶が成立している細胞では異なった CD45 分子を持っているが、それはもともと同じ遺伝子が別の読み方をされたためである。

筋肉の収縮の仕方を決めているトロポミオシンというタンパク質がある。その遺伝子は十三個ものエクソンから成っていて、その間にはイントロンが入り込んでいる。これを転写したRNAのテープをいろいろなやり方で切り取って「編集」すると、少なくとも七種類の異なったタイプのトロポミオシンができる。体中のさまざまな細胞は、この違ったタイプの分子を、目的に応じて利用している。骨格筋、心筋、平滑筋、線維芽細胞、白血球など、収縮したり移動したりする細胞は、それぞれ違うタイプのトロポミオシンを使っているが、もともとの遺伝子は同じである。ホルモンを含め、このように読み方をかえたために同じ遺伝子から複数の異なった働きの分子が作られる例は多数ある。

前にも述べた免疫グロブリンの遺伝子やT細胞抗原レセプター（TcR）の遺伝子では、V、D、Jという三つの遺伝子断片がつながり合って分子の多様性を作り出す。複数個ずつあるV、D、J遺伝子のどれとどれがつながり合うかはもともと決定されてはいないので、ランダムに起こってくる。したがって、どんな反応性を持ったタンパク質ができてくるのかは予測できない。それればかりか、D遺伝子の場合は、他の遺伝子と結合する部位がかなり自由である。D遺伝子はギリギリの小さなDとしても、その周辺の配列を含めたかなり大きな

Ｄとしても使うことができる。ときにはＤ遺伝子を二個つなげて利用している例もある。そのために、作り出された抗体分子は予測できないほどの多様な構造を持つことになる。

遺伝子をタンパク質として読みとる際には、ＤＮＡの文字三つずつのつながり（コドン）をアミノ酸に読みかえることは前にも述べた。どんなタンパク質も読み始めの暗号はＡＴＧというつながりであり、それはメチオニンというアミノ酸を指定する。一字ずれてＴＧから読み始めることは許されない。タンパク質の遺伝子はＡＴＧから三字ずつの読み枠で読まれてゆく。これは遺伝子の文法で、違反は許されない。

ところが免疫グロブリンやTcRではＡＴＧで読み始められる最初のＶ遺伝子に、あとからＤ遺伝子やＪ遺伝子がつながってゆくわけなので、同じ読み枠のまま読み進んでゆくと、翻訳不可能に陥る場合がしばしばある。それは、対応するアミノ酸が存在しないような三文字の暗号（ストップコドン）が現れてしまうからである。ストップコドンは、翻訳作業に終止点（ピリオド）を打つ。変なところで終止点（ピリオド）が打たれた文章は意味をなさず、タンパク質には翻訳されない。

ところが暗号文字数の少ないＤ遺伝子は、しばしば読み枠をかえても読みとられていることがわかった。こうなると一種類のＤ遺伝子が一字ずつ読み枠をずらして三種類の読みとりをされて、違った言葉として作り出されていたことになる。

もう一度例をあげよう。「サイタサイタ」というＤ遺伝子があったとしよう。一字ずつずらして読むと、「イタサイタサ」になるし、もう一字ずらせば、「タサイタサイ」になる。通常これらは意味をなさない。ところがT細胞受容体では、これさえ許されているのである。

こんなことが許されたら遺伝子の文章の世界は混沌状態になってしまうから、遺伝子の文法では一般には厳密に禁止されている。これが許されているのはウイルスなどの原始的な生命体だけである。そのために限られた数の文字しか持っていないウイルスが、予想外に数多くの調節タンパク質をコードすることができるのである。

高等生物における唯一の例外がTcR遺伝子なのである。免疫系は、遺伝子の文法のタブーを破ってまで、小さなD遺伝子の読み枠をずらして、多様な分子を作り出そうとしていた。免疫という体のしくみは、こんな危険を冒してまで多様性にこだわっていたのである。

その上、V、D、J遺伝子のつなぎ目の所には予期しない新しい文字が何文字か挿入されている場合があることがわかっている。TdTという、DNAの成分である塩基を挿入する酵素が、DNAの文字を書き加えているのである。ここでも、一文字挿入されただけでそのあとの読み枠が変わって全く別の言葉が現れてしまう。また入り込んだ文字の種類によって、性質の異なったアミノ酸が指定されるので、タンパク質の立体構造が大きく変わってしまうこともある。また挿入されたおかげで全体が読みとり不可能になってしまう場合もある。

さっきの例でいえばそれぞれの句のあとに、前または後と同じ一文字ずつを挿入して「サイタタサイタササクラガガサイタ」になってしまう如きものである。

抗体を合成する免疫細胞が作り出される過程で、数百個用意されているV遺伝子のうちの、どれが読みとられるようになるのかなどはもともと決まっているわけではない。それは確率論的に決まってくる。

遺伝子の読み始めを指定する調節性のDNAの構造をプロモーターと呼ぶ。それ自身はタンパク質に読みとられるわけではない。ここにDNA結合タンパクと呼ばれるタンパク質が結合すると、プロモーターの近傍の構造遺伝子が読みとられるようになるしかけなのである。遺伝子のスイッチのようなものである。免疫細胞では、この読み始めの指令をする、すなわちスイッチを押す役割のタンパク質はすでに一定量存在するので、数あるV遺伝子のプロモーターのどれと結合しても構わないはずである。しかし細胞は、最終的にそのうちのどれかひとつのV遺伝子のみを働かせることによって多様な抗体分子のどれかひとつを作り出す。

こうして作り出される多様性はあまりにも多く、冗長の感をまぬがれない。実際に免疫反応で使われるのはそのごく一部分に過ぎない。

こんな不確実なことをしながら、生体は免疫の「自己」の行動様式を作り出しているのだ。しかし、もしこれが完全に前もって決定されていたならば、すべての人の免疫系は同じになってしまうはずだ。不確実だからこそ、いろいろな反応性のレパートリーを作ることができるのである。一卵性双生児でも、抗体やTcRのV遺伝子の使い方が違い、そのために違った免疫反応性を持つことができたのである。もし同じだったら、必ず同じ病気にかかって死ぬだろう。

遺伝子レベルでの冗長性、多義性はこうして生命の個性を作ることに利用される。そのおかげで、人類はさまざまな伝染病に打ち勝って生きのびてきたのだ。

遺伝子を異なった条件で働かせる「編集」や「調整」のしくみが次々に明らかにされているのが現状である。そこにはDNA決定論を超えた新しい生物学の世界が拡がっている。生命はこのようなあいまい性をもとにして、「自己」というものをダイナミックに生成してゆくのだ。

分子の多義性

私たち人間の個体は数十兆にも及ぶ数多くの細胞から構成されている。細胞は、さまざまな臓器を形成し、さらに臓器の間は血流でつながれ、相互に依存し合うことによって個体の全体性が守られている。その個体も、もともとは一個の受精卵に由来する。

卵割によって発生が始まり、さまざまな機能の異なった細胞が作り出され、その関係が作り出される際に、「アクチビン」に代表される誘導因子と呼ばれる一群のタンパク質が働いていることは、第一章で述べた。動物の形態といった生命の基本形が作り出されるときに働く誘導因子が、同時に免疫細胞を増殖させる働きや、脳下垂体からの濾胞成熟ホルモン分泌を抑制する働きなどの多様な活性を持つ、多義的な分子であったというところから、この議論は始まった。

細胞が作り出して他の細胞に働きかけ、増殖や分化、運動、生長、分泌などの新しい働きを呼び覚ます生物活性分子群を、ひとまとめにしてサイトカインと呼ぶ。サイトカインは細胞と細胞の間の情報伝達をしている分子である。同じ生物活性物質であるホルモンは、主として内分泌系細胞で大量に作られ、血流に乗って遠隔の臓器に運ばれて働くということでサイトカインとは区別されているが、その境界は明瞭ではない。

サイトカインは、ことに免疫系や血液系が成立してゆく過程で重要な役割を持つ。そのため、リンフォカインとかインターロイキンなどと呼ばれたこともあったが、現在ではその働きが免疫血液系のみならず内分泌系、神経系、発生、癌の増殖などにも及ぶことがわかったので、サイトカインの名で総称される。代表的なサイトカインとして、インターロイキン(IL)1〜15、数種類のコロニー刺激因子（CSF）、インターフェロン（IFN）、腫瘍壊死因子(TNF)、形質転換増殖因子（TGF）、エリスロポエチンなどがある。

さまざまなサイトカインの構造が決定され、その働きが解明されるにつれて、当惑が研究者を襲った。サイトカインの働きが、あまりに多義的であいまいだったからである。

まず第一に、ひとつのサイトカインが状況次第でさまざまな働きを発揮する多義性である。たとえば、IL1というサイトカインは、免疫細胞に働いて増殖や分化を起こさせる分子であるが、同時に脳の視床下部にある発熱中枢に働けば体温を上昇させるし、肝臓に働けば炎症性タンパク質を合成させたりする。白血球に働けばその運動性を高める。文字通り多義的な分子である。現在知られている十五種類にもおよぶいずれのサイトカインも、例外なく予想された働きのほかに、さまざまの予期しなかった活性を示すことがわかった。

第二は、同じような働きを持ったサイトカインが複数存在することである。免疫細胞のうちT細胞を増殖させるような活性は、IL1、IL2、IL4、IL6、IL7、IL9、TNF、GM-CSFなど多数の異なった構造のサイトカインが共有している。すなわち形を異にした同義語が多数あるということになる。これを冗長性と呼ぼう。

さらに、単一の細胞が複数のサイトカインを作り出すことも知られており、作り出されたサイトカインはさらにさまざまな細胞に働きかける。このレベルでの重複と不確実性も事態をさらにあいまいにする。

もっとやっかいなことは、ひとつのサイトカインが生産されると、それが近傍の細胞に働き、その細胞から第二、第三のサイトカインを作り出させるのである。サイトカイン・カスケードと呼ばれ、ひとつのサイトカインはシリーズのサイトカイン群を働かせて反応をおし進めてしまう。そのためサイトカインの特徴として「不確実性」、「冗長性」、「多目的性」、

「あいまい性」など、あまり科学ではお目にかからないキーワードが冠せられるようになった。サイトカイン群は、当時新しいタイプの抗癌剤として期待されたが、いずれもうまくいっていない。作用があまりに多岐にわたってしまうからである。

サイトカインは、原始的な造血幹細胞から、赤血球、血小板、マクロファージ、白血球、リンパ球などさまざまな血液系細胞が作り出されるときには分化増殖因子として働くが、免疫系細胞が抗体を合成したり、移植片を排除したり、ウイルス感染細胞や癌細胞を排除するような免疫反応の局面では効果因子としての働きを示す。炎症や発熱、白血球の運動性の上昇などもサイトカインのせいである。そればかりか、個体の発生や、生物の形づくりにおけるサイトカインの役割も注目されている。

なぜこれほど重要な生命現象に、サイトカインのようなあいまいで不確実な物質が使われているのだろうか。しかもそれで大過なく生命が維持されているのはなぜだろうか。超（スーパー）システムとしての生命を理解する鍵がここにあるように思われる。

サイトカインはどのようにしてあいまいさを超えるのだろうか。

まず第一は、サイトカインが働く相手の方を制限しておくというやり方である。サイトカインが機能を発揮するためには、それと結合する受容体（サイトカイン・レセプター）が相手となる細胞の上に存在しなければならない。サイトカイン受容体は細胞上にいつでも現れているとは限らない。ある限られた条件下でのみ受容体を発現させる。そうすれば必要なときだけサイトカインの指令を受けることができるはずだ。

免疫系では、異物である抗原が侵入し、それをマクロファージやT細胞、B細胞などが認識すると、サイトカイン受容体が細胞の表面に現れるという仕組みになっている。さらに、ひとつのサイトカインが働くと、そのサイトカインに対する受容体の数が増えたり、または逆に減ったりするし、別のサイトカインに対する受容体が現れたり消えたりする。多義性を持った言葉は、相手を確かめながら使うことによって誤用を避けているのである。受け取る側も状況に応じて感受性をかえる。

第二は、ある特定の文脈の中でしか、サイトカインが働けないという設定を作るのである。サイトカインはきわめて微量作り出され、その周辺でのみ強力な働きを発揮するので、サイトカインを作り出す細胞と受け取る細胞は近傍に位置していなければならない。免疫系が刺激されると細胞の運動性が高まり刺激の方向に移動してゆく。と同時に細胞表面には他の細胞と接着を起こさせるような分子（接着分子）が現れる。接着が起こると接着した方向に向かって、受容体が移動してゆくのが見られる。そうなると、一方の細胞から出されたサイトカインのシグナルは確実に対応するもう一方の細胞の受容体に結合することができる。この条件に入らなかった細胞はサイトカインが語りかけるための条件が作られたためである。この条件に入らなかった細胞はサイトカインのあやふやなメッセージを受け取らないですむので事態の混乱をまぬがれる。

さらにサイトカインが相手の細胞に働くと、そこから新たに別のサイトカインが作られそれが第三の細胞に働き……というように異なったサイトカインが次々に作り出されることになれば収拾がつかないことになる。ところが一部のサイトカインには、他の細胞の増殖やサイトカイン生産を抑制する働きがあることがわかってきた。そのため、ひとつのサイトカインが次々に別のサイトカインを作り出しても、最終的には最初のサイトカインの生産を抑えるようなスイッチがやがて押される。さまざまなサイトカインの間に自己調節のネットワークが存在しているらしいことがわかってきたのである。

このようにして多義性を持ったあいまいな情報としてのサイトカインは、一定の文脈の中でのみ明確な意味を持つようになり、さらにそのサイトカインの持つ意味を破壊するような用法は全体の文脈の中で統語法的に禁止されているのである。

しかし、このやり方が完全でないことは、さまざまな免疫学的疾患、リウマチやアレルギーなどが、サイトカインの偏った生産によって引き起こされていることからもわかる。あいまいさはやはり危険なのだ。

ただここで明らかになってきたことは、生命という著しく複雑なシステムが自ら生成し、外界からの情報に適応しながら動的に運営されてゆくために、限られた数の多義性を持ったサイトカインを、さまざまな文脈の中で目的に応じて正確に利用しているという事実である。それは、サイトカインが多義性を持ったあいまいな分子であるからこそ可能になったわけである。そうでなければ、数限りない正確な分子を、別々に作っておかなければならなかったはずである。

細胞の判断

細胞間の情報交換がサイトカインのような多義性を持った分子で行われているとしたら、それを受け取った方の細胞も、どのような反応を起こすべきかを判断し、それを選択しなければならない。従来の生物学では、受容体が情報を受け取ると、決まったひとつの反応を生み出すと教えられてきた。たとえばインシュリンの受容体がインシュリンという情報を受けとったならば、糖の代謝が高まるというように、ひとつの原因からはひとつの結果が生ずるというドグマである。

しかし細胞は、同じ受容体からの刺激に対してさえも、さまざまの異なったタイプの反応を生み出すことができるのである。細胞は、刺激が与えられた瞬間の文脈を判断し、異なった行動様式をいくつかのオプションの中から選択していることが最近わかってきたのである。

受容体というのは、細胞の外側にアンテナのように立ち並んで外部からの情報を受けとるための装置である。いろいろなタイプの受容体があるが、代表的なものとして免疫グロブリン・ドメイン（第六章参照）を持ったものと、サイトカイン・レセプター・ファミリーと呼ばれるものや接着分子に属するものなどがある。いずれも共通の部分構造（ドメイン）を持った遺伝子族で作り出されているもので、大もとまでたどればそれぞれが共通の元祖遺伝子を持っていたはずである。

それぞれの受容体は対応するサイトカインと厳密に結合し、その情報を細胞内に伝える。受容体分子は、しっぽの部分を細胞質の中に長く突き刺しているものと、短いしっぽで他の分子とつながっているものなどがある。いずれにせよ、受容体の細胞質内の部分を通して、外部からの情報は細胞内の別の信号に転換され、何段階もの増幅のステップを経たのちに細胞の核の中に伝えられ、特定の遺伝子を発現させるためのスイッチを入れる。その過程は、電波をアンテナで受け取ったのち、複雑な半導体を介した回路を利用して音声や画像に転換させるテレビと同じである。

細胞内でシグナルを伝えてゆくための分子を二次メッセンジャーと呼んでいる。それには酵素活性を持った大きなタンパク質もあるし、細胞膜の成分が分解されてできる脂質も、カルシウムイオンなどの金属イオンなども含まれる。それらがお互いに結合したり、相互に酵素として働いて、タンパク質分子にリン酸をくっつけ合ったり外したりという化学反応を起こさせながら次々にシグナルを伝えてゆき、最後にはＤＮＡに結合して遺伝子を働き出させるタンパク質を作り出して、特定の遺伝子のスイッチをオンにするわけである。さらにこの信号伝達を高めるような分子も、阻害するような調節分子も沢山ある。

細胞の表面には何種類もの受容体分子があって、それぞれが異なった情報を受け取っている。それぞれの受容体は、固有の二次メッセンジャーを持っていることもあるが、核の中の遺伝子を働かせるためにはしばしば共通のメッセンジャーを利用している。そのため、シグナル転換と伝達の細胞内プロセスは、複雑につながり合い錯綜した回路を形成している。違った受容体からの情報であるにもかかわらず最終的には同じ反応を起こす場合もあるし、同じ受容体からのシグナルが全く異なった二つの反応を作り出す場合もある。

ことにサイトカインの場合には、異なったサイトカインに対する受容体が、細胞表面で共通の第二のタンパク質分子と結合して受容体を完成している場合があり、この第二のタンパク質分子を介して信号の転換が起こる場合には、別々のサイトカインであるにもかかわらず最終的には同じ作用を作り出すことになる。前の項で、形の異なった同義語がたくさんあると述べたサイトカインの冗長性は、こうした理由で生ずるのである。

それにもかかわらず、それぞれのサイトカインは一般に異なったアウトプットを作ることができる。その理由は、受け取る方の細胞が、同じような信号を受け取ってそれを細胞内で伝達してゆく際に、途中から異なった二次メッセンジャーを利用して、その結果として異なった遺伝子を働き出させるためだろうと考えられている。実は、このあたりの研究がいま非常に盛んに行われていて、新しいメッセンジャー分子が次々に見つかっているのが現状なのだが、これ以上の深入りはここでは無用であろう。とにかく細胞は、複雑な情報処理をして、同じ情報から状況に応じて多様な遺伝子を働き出させることができるのだ。

免疫細胞、ことにT細胞は、たくさんの異なったタイプの受容体を細胞表面に林立させている。最も重要な受容体が、これまでたびたび現れたT細胞抗原レセプター（TcR）である。

TcRは、HLA分子に結合した異物タンパク（抗原）の断片を認識して、免疫反応を起こすための第一歩を作る分子である。抗原の認識には、CD4、あるいはCD8という補助分子が参加して、異なった性格を持った反応へと導くこともすでに述べた。TcRというアンテナは、細胞質の中にそれだけで信号を伝えるほどしっぽが長くないので、TcRには必ずCD3と呼ばれる複雑な信号伝達のための分子群が結合している。TcRでキャッチした情報はCD3に伝えられ、そこから二次メッセンジャー分子が作り出される（次頁図19）。それは何種類もの酵素の活性化や、カルシウムイオンの流入、何種類ものタンパク質のリン酸化といった一連の化学反応に転換され、最終的には核の中でサイトカイン遺伝子を呼び覚ますためのDNA結合タンパク質の形成にまで至る。このプロセスが完了したとき初めてT細胞はサイトカインの合成などの免疫反応を起こすことができ、異物排除の戦いが開始されるのである。

ところが、TcRが異物を認識しただけではこの反応のプロセスは完了しないことがわか

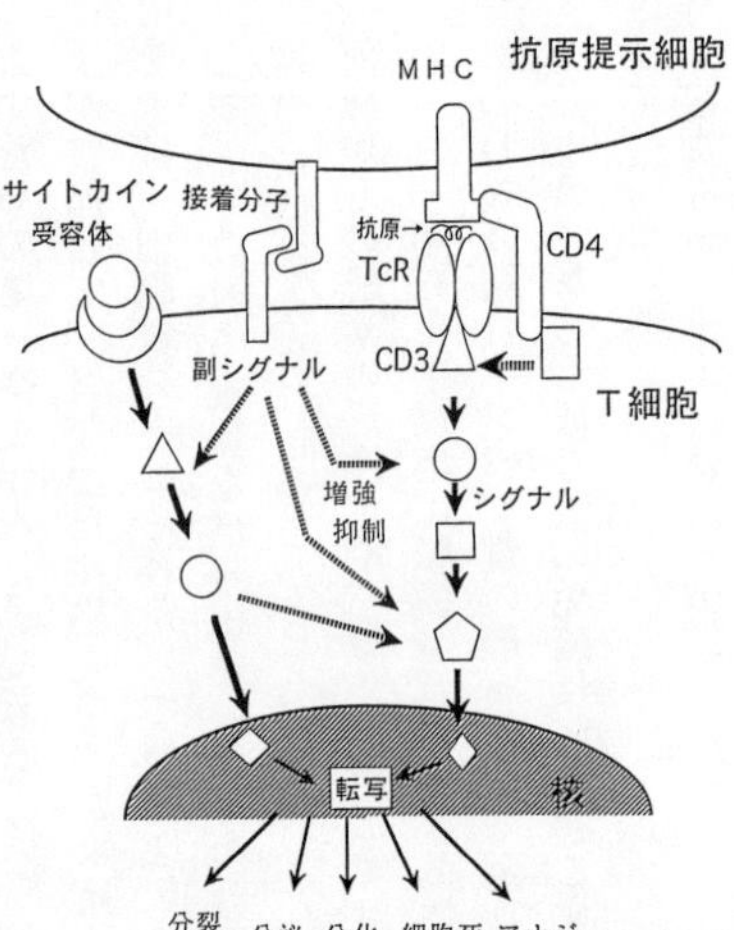
抗原提示細胞
MHC
サイトカイン
受容体
接着分子
抗原→
TcR
CD4
CD3
副シグナル
T細胞
増強
抑制
シグナル
転写
核
分裂
増殖
分泌
分化
細胞死
アナジー

図19　T細胞の意志決定。T細胞はTcR（T細胞抗原受容体）で抗原提示細胞のMHC上に並べられた異物の情報を読み取る。そのときTcRに結合したCD3は、次々にメッセンジャー分子を作り出し、異物の情報を核の遺伝子に伝える。同時に反応したCD4（あるいはCD8）や、接着分子、サイトカイン受容体などからの副シグナルの有無によって、細胞内で転換されてゆくシグナルの性質が変えられ、細胞は増殖や分化などの正の反応ではなくて、無反応性（アナジー）や細胞死（アポトーシス）などの負の反応を起こしてしまう。こうして細胞は、同一の異物の情報に対して、自分のおかれた場に応じた異なった反応を選ぶことができる。

ってきた。むしろそれだけではT細胞は反応を停止してしまい、異物の排除ではなくて共存の道を選ぶ。いわゆる免疫寛容（トレランス）という状態が作り出されるのだ。しかもここで寛容（トレランス）といっている状態の中には、アナジーといって一時的な反応不能状態に陥るのも、永続的に無反応状態を維持し記憶するのも含まれる。

どうして同じ情報の認識から、一方では排除という「正」の反応が、他方では寛容という「負」の反応がもたらされるのだろうか。さらにある条件では、同じ異物の認識で、T細胞がアポトーシスを起こして自殺してしまう場合もある。細胞はどのようにして、生きるべきか、死ぬべきか、反応すべきか、沈黙すべきかを判断しているのだろうか。

実は細胞は、刺激を受けた自分がおかれている「場」がどのようなものであるかを同時に認識しているのだ。正当な場におかれた時のみ、「正」の反応を起こすように仕組まれているのである。場が形成されていない場合には「負」の反応しか起こさない。

「場」とはそもそも何であろうか。T細胞の表面にはさまざまな接着分子が現れている。それが他の細胞の表面分子に正確に結合することによって細胞と細胞の間の接着が起こる。

T細胞が抗原を認識するためには、消化された抗原の断片がHLA分子に結合して、細胞表面に提示されていることが必要であることは前に述べた。T細胞は、周辺の細胞のHLA分子に異物が結合しているときだけ、それをTcRでキャッチする。この認識のためにはもともと細胞と細胞の接触が必要で、その際には複数個の接着分子がそれに参加する。こうした一群の接着分子が対応する相手と結合することによって情報の「場」が形成されるのである。

接着分子も、その分子のしっぽは細胞質内に入っており、作り出された「場」の情報をここで信号に転換していることがわかった。接着分子は、単に細胞同士をくっつけるだけではなくて、「場」の情報を細胞に伝える受容体としての機能があったのである。こうした場の情報を「副シグナル」と呼んでいる。

TcRと接着分子という二種類の受容体を介した異なった信号が伝えられると、初めて細胞は「正」の反応をスタートさせる。一方が欠ければ「負」の反応になってしまう。複数の接着分子からの副シグナルの同時信号が、細胞の判断を決定する要素となる。

びっくりするほど巧妙な例をあげよう。T細胞の表面にはCD28という接着分子がある。この分子はB細胞の上にあるB7という分子と接着すると反応を「正」に導くような副シグナルを形成する。T細胞が、TcRを介して異物を認識すると同時にCD28からの副シグナルが形成されると、T細胞は活性化されてサイトカインを作り出す。サイトカインはB細胞に働いて抗体を作らせるようになる。こうして「正」の免疫反応が起こるわけである。CD28からの副シグナルがなければ、T細胞はサイトカインを作らず、したがってB細胞の抗体合成も起こらない。

ところが、この「正」の反応が始まると、T細胞の中に別に作られていたCTLA-4という別の接着分子が細胞の表面、ことに反応をしているTcR分子の近くに現れてくる。CTLA-4もB7と反応する。するとCTLA-4からは別の副シグナルが出て、こちらの方は反応を「負」の方に導き、サイトカインの合成は抑えられてしまう。抗体を合成していたB細胞の方でも、CTLA-4と反応するB7分子を多量に作り出す。

こうして「正」の反応と「負」の反応を、時間をずらしながら起こさせて、まず異物に対する反応を起こさせ、ついでその反応を終息させるのである。もともと免疫反応というのは危険な反応である。そんな反応は、絶対に必要なときだけ一時的に起こしさえすればよい。二種類の副シグナルを使いわけて、たった一種類の細胞が、「正」と「負」の反応を起こす細胞に、情勢に応じて見事な変身をとげるのである。

そのほかにサイトカイン受容体からの副シグナルが加われば、細胞は分裂増殖しながら次のサイトカインを作り出すなどの複雑な行為を始める。別の受容体からのシグナルが共存すると細胞は自殺してしまう。第二、第三の副シグナルがなければ細胞は、同じ抗原を認識したにもかかわらず無反応状態にとどまり、寛容状態に陥る。

さまざまなあいまいな情報は、こうして総合されてひとつの確実な反応を選び出すのに利用される。免疫系ばかりでなく、脳神経系でも、同時に二つの信号が入ることによって、神経細胞の反応性が変わることが知られている。たとえば、同じ認識が起こっても第二の信号があるかどうかで記憶の成立が左右されるという。こうした同時認識（コインシデンタル・リコグニション）による反応性の決定という現象が生物の洗練された多様な反応を作り出す要因になっているらしい。

ここにあげたような事実は、一時代前、すなわち十年ほど前の受容体についての考えとは明らかにちがう。かつては、インシュリンに対する受容体のように、刺激を受けとれば必ずグリコーゲンの合成を起こすというように、単一の原因からは単一の結果を生み出すセンサーに過ぎなかった。しかし、いまでは多数の原因から多数の結果を作り出すための複雑な情報処理システムの一部と考えなければならない。

細胞は、刺激があればそれにユニフォームに反応するといった単純な機械ではないのだ。それは、条件によって異なった行動の選択をする。ハムレットのように、'to be or not to be' と迷うばかりではなく、もっと多数のオプションの中から条件に応じてひとつの反応様式を選び出す。生体は、こうした「場」と「時」に応じた細胞の選択が集積されて、はじめてうまく運営されている「複雑系」ととらえられなければならない。

生命は、DNAから細胞に至るまで、あいまいさに裏付けられて動いていた。実はそのあいまいさゆえに、生命は「回路」を外に開いて、動的に活動することができたのである。

第十章　超（スーパー）システムとしての人間

細胞の社会生物学

「Omnis cellula e cellula（すべての細胞は細胞から）」という名言を残したのは近代病理学の父とされるウィルヒョウである。どんな細胞でも細胞から生まれる。細胞の祖先は細胞なのだから、約六十兆個の細胞から成る私たち人間も、受精卵という一個の細胞に由来する。その受精卵も卵巣と精巣の細胞から生まれる。さらにその先までたどってゆけば、人間も、ニワトリも、魚も、うじ虫も、ほうれん草も大もとにある一つの共通の先祖細胞にゆきつくはずである。それではその先祖細胞は何から生まれたのかといえば、原初の地球に、たった一度だけ奇跡によって生じた原始的な細菌のようなものだったらしい。初めは遺伝情報を封入しただけの袋（セル）状の構造ができ、その情報に従って情報そのものを複製してゆくだけの細菌の先祖（古細菌）ができた。これだけでもかなりむずかしい発明だったのだが、そこから現在の細菌につながる原核細胞ができ、二十五億年もかかって、核を取りまく複雑な情報処理機構を持ついわゆる真核細胞が生まれた。

真核細胞は、遺伝情報を精妙に処理してさまざまな表現に転換する能力を持つようになり、他の生物の器官であったミトコンドリアを共生させてエネルギーを有効に利用するようになり、さまざまな生命活動を発揮するようになった。こうなるとそれから先、すなわち役割を異にした細胞が共存する多細胞生物が生まれ、そこに進化が蓄積されて、植物や動物のような個別の生物を生み出してゆくのは、ほとんど必然のことであった。そのため、たかだか十億年ほどの間に、人間のような高度の知能を持つ動物さえ作り出してしまったのだ。単純な真核細胞ができるまでの二十五億年に比べれば、そこから複雑な人間が作り出されるまでの十億年というのはむしろ短いというべきであろう。だから最初の真核細胞が生まれたとき、すでに人類誕生へのレールが敷かれ、ひょっとすると人類の運命さえおおよそ決まってしまったのかも知れないのだ。

ルドルフ・ルードウィッヒ・ウィルヒョウは一八二一年に、現在ポーランド領になっている東ポンメルンの貧しい農民の子として生まれた。ベルリン軍医学校を卒業した後、初め外科医を志したがのちに病理学に移り、『ウィルヒョウズ・アーカイヴ』として現在でも続いている権威ある学術誌を創刊した。ウイーン会議後保守的体制を強めたプロイセン王国の中で、ウィルヒョウは民主主義的急進主義の運動に加わり、医療改革運動にも参加した。そのためベルリンを追われてビュルツブルク大学の病理学教授として赴任し、次々に病気の成立機構に関する研究を世に送り出した。

ウィルヒョウの著作で最も名高いのは、『細胞病理学』（一八五八年刊、日本でも吉田富三博士によるすぐれた翻訳が刊行されている）である。この書でウィルヒョウは、人体をさまざまな細胞から構成される「国家」（Zellenstaat）ないしは「共同体」であるという思想を提出した。そこでは細胞は「市民」として共同体の運営に参加する。病気は、したがってこうした市民の「病理的刺激」に対する偏った反応として現れる。すなわち炎症、変性、腫瘍などと捉えられている病理現象は、体の構成要素としての細胞＝市民の、刺激に対する反応様式を介して発生する。

ウィルヒョウは病理学者として、さらには人類学者として学界に君臨したばかりではなく、ベルリン市の参事として積極的に社会的発言を行っていった。一八六二年には、プロイセン議会に進歩党議員として当選し、ビスマスクと激しく対立するなど、政治的にも大きな力を持つようになった。彼の立場は、細胞からなる人体とそこに発生する病気をみるのと同じやり方で、市民からなる社会や国家とそこに発生する病理現象を眺めることだった。そのゆきついた信条が、自由主義、民主主義であったことは興味深い。

カール・マルクスは一八一八年の生まれだから、ウィルヒョウとほぼ同時代を生きた。同じ政治的風土のドイツに呼吸していたマルクスが、ウィルヒョウの『細胞病理学』に興味を持たなかったはずはない。知人を介してウィルヒョウに接触をはかろうとしたといわれている。二人の出会いはついに実現することはなかったらしいが、細胞によって成立する共同体としての臓器や、細胞の留まることを知らぬ増殖によって起こる癌、刺激に対する細胞の偏った反応として生ずる炎症などというウィルヒョウの見解は、マルクスにとっても興味ある概念であったに相違ない。

私の恩師、病理学者であった故岡林篤教授は、生前この話をくり返し私に語り、「マルクスはウィルヒョウが市民と考えた細胞を、貨幣に置き換えて考えていたのではないだろうか。そのために最終的に矛盾が生じたのではないか」とつけ加えられた。

私は、ウィルヒョウの思想の最も忠実な後継者は、オーストラリアの免疫学者、サー・マクファーレン・バーネットではないかと考えている。「クローン選択説」によって現代免疫学の理論的基礎を築いたバーネットは、興味あることにウィルヒョウの『細胞病理学』に対応するように『細胞免疫学』という大著を著した。一九六九年、すなわちウィルヒョウの『細胞病理学』刊行から百年余もあとのことである。

この書の第一部は、「自己と非自己」と題され、一九六〇年にノーベル生理学医学賞を受賞した「クローン選択説」を敷衍し完成させたものであった。彼は、免疫系が多様な抗原（異物）のひとつひとつに対応する白血球系の細胞（クローン）から構成された社会と考える。一つの個体の中で、自己との反応性を持つ細胞は死滅し、「非自己」である異物と効果的に反応した細胞が選択的に生き延び増殖して、個体の免疫応答能力を形成してゆくと考えるのである。クローンというのは、単一の細胞の子孫で、祖先となった細胞と同一の遺伝子表現を持つ一連の細胞系列である。バーネットは、免疫系を反応性の異なるクローンの集合体として捉え、それが生成、反応し、発展してゆく一連の過程を広範な実験的事実と独自の考察を加えて総合し、この本を書いた。彼自身が「ダーウィン的な見地」と述べているように、ここでは免疫細胞は、個別にその子孫を作り出すことのできる構成メンバーであり、それを選択し淘汰するのは、内部および外部の環境なのである。バーネットにとって免疫系は、構成要素としての多様な免疫細胞のクローンが生存をかけた競争を繰り広げている自然であった。細胞は突然変異によって進化し、さらに選択淘汰が行われて、個体内に新しい生態系を作り出す。

残念なことに当時は、バーネットの理論を明確に裏付けるような分子生物学も免疫生物学もまだ存在しなかった。しかし、彼の理論が大筋では間違っていなかったばかりか、その後の重要な発見を予見していたことは、驚くばかりである。

『細胞免疫学』について、バーネットはみずから社会生物学的アプローチと述べているが、細胞という要素によって構成される社会としての免疫系という観点は、まさしくウィルヒョウの『細胞病理学』の延長線上にあったと私は考える。のちにバーネットが、自分の信条に基づいてかなりラジカルな社会的発言をしていったのもウィルヒョウと相通ずるものがあったからではないだろうか。

バーネットによれば、免疫系は相互角逐を行っている細胞群からなる自然共同体である。免疫学は、ちょうど動物行動学者が人類まで含む動物の行動様式に基づく生態系を眺めるように、さまざまな白血球系クローンの増殖と死滅、相互作用、内部環境への適応、他者への対応などを直接対象とするようになった。それは伝染病の予防や治癒のメカニズムを対象としていた従来の免疫学の枠を越えて、生物学、生命科学としての免疫学の出発であった。

心の身体化

私がこの書物を通して考察しようとつとめてきたのは、ウィルヒョウが考えた細胞による共同体としての人体の成立過程（発生）や、バーネットが提唱した免疫細胞クローンから成る免疫系の成立と反応様式には共通のルールが存在していること、そしてそれはもっと広く人間の生命活動としての文化につながっているのではないかということである。

文化というのが人間の精神的所産であるとすれば、ここで本来ならば、心と脳の問題に深入りしなければならないはずだが、それは現在発展途上の膨大な領域であり、私にはそれを手際よく展望するだけの力はない。むしろ心や脳といった、問題点を多くかかえた領域をさけることによって、より単純化した身体論的原理に近づくことができるのではないかと考えたのである。

そうはいっても心や脳を例外とするわけにはゆかない。心とか意識といったものを、生物学の対象として「身体化」して考えるというのは現代生物学のまぎれもない趨勢であるし、私たちの精神的「自己」というものも、有限の神経細胞（ニューロン）が神経突起を介してネットワークを形成している脳という臓器の活動によって生み出されていることに、異論はないであろう。

ためしに脳が胚の中で発生してゆくときのことを思い出してみよう。人間では発生の第三週ごろに形成された神経管の頭部で、一種類の神経上皮細胞が盛んに分裂して脳の原基（脳胞）を作ってゆくところから始まる。神経上皮細胞は、造血免疫系の幹細胞に相当する多能性の細胞で、脳や脊髄のあらゆる神経系細胞はすべてこれから生まれる。この原始的な細胞が、自己複製によってまずは平板上に広がってゆき、ついで両側がまくれ上って閉じ、管状の構造になる。これが神経管である。

このころすでに原始的な神経上皮細胞にはいくつかの新しい遺伝子が発現してくる。一番有名なのはノッチ（Notch）とデルタ（Delta）と呼ばれるペアとなる遺伝子で、ともに上皮細胞増殖因子（EGF）というサイトカインと共通の独特の構造を持っている。ノッチとデルタは、上皮細胞のあれこれにばらばらに偶発的に現れる。するとデルタのタンパク質が隣接した細胞のノッチに働きかけて刺激を与えるらしい。そうすると刺激を受けた方の細胞は、脳や脊髄の構造を作りあげている支持細胞、すなわち神経膠細胞（グリア細胞）の方に分化を始める。デルタを持っていた細胞自身、さらにデルタからの刺激を受けることができなかった遠隔の細胞は、自動的に神経細胞に変わってゆく。

こうして神経細胞とグリア細胞という分化が起こり、両者が移動し、さらに協調して脳という臓器構造を作ってゆく。その内部では、分裂した神経細胞が移動し神経突起をのばして、いわゆる神経回路網を作ってゆくのである。ここでも神経線維同士で有効な接着（シナプス）が成立したときにのみ神経細胞は生存が許され、そうでなければアポトーシス（プログラムされた細胞死）を起こして死滅してしまうことは前にも述べた。こうして概観すると、脳神経系の発生も、免疫系の発生と同じく、単一な細胞の自己複製から始まり、多様化や自己適応、内部情報をもとにした自己組織化によって成立する超（スーパー）システムであることがわかる。脳の回路形成でも適応と選択、後天的な淘汰が起こっているのである。脳の形成における神経細胞の集合に必要な接着分子が、原始的な免疫グロブリン遺伝子と部分構造（ドメイン）を共有していたこともすでに述べたところである（第六章参照）。

それでは脳を作り出す遺伝子のプログラムはといえば、神経細胞の位置や放射の方向などを決めて脳の基本構造を拘束することはできるが、ひとつひとつの神経線維の結合までは規定してはいない。したがって、神経細胞の選択と淘汰による回路網の形成は、それぞれの個体に個別的に起こってくる。つまり後天的な生成過程なのである。このため人間は、遺伝的には決められない個体レベルでの脳の多様性を持つようになるとされている。

さらに脳神経系は、外界からの刺激に応じて神経突起の結合（シナプス）の数や強さをかえ、経験を積んで学習し、記憶し、個性を作り出してゆく。それから先の認識や判断における大脳皮質領域の相互作用、記憶の維持、意識の統合、さらには情動や意志、運動などについては、現代の脳科学がいまめざましいまでに解明しつつある領域なので、素人の私がここでふれるつもりはない。

しかし、ここで明らかにされつつあるのは、「心」といっていた実体のないものが、明らかに実体として存在する脳神経細胞によって作られた回路網の活動を通して作り出されるものであって、「自己意識」も「愛」も決してその例外ではないことである。その点で哲学は、ようやく「精神」と「身体」という二元論から、「精神の身体化」という明確な一元論に回帰しつつあると私は思う。養老孟司氏は、現代文明の「脳化」ということをいわれるが（『唯脳論』青土社、一九八九年）、私はむしろ脳という特殊な臓器を超えて、人間の心の「身体化」ということがまぎれもなく起こっていると思うのである。

しかし、こうして考えている私も、また私の意識存在も、数百億個ていどのニューロンの活動の総体と考えた上で、何の怖れも躊い(ためら)もないということは、逆に脳という臓器が高度に発達したコンピューターなどという工学的システムをはるかに超えた超(スーパー)システムであるという認識があるからである。いまのところ、コンピューターをどれほど組み合わせても心はできない。脳は明らかにコンピューターを超えているが、どのようにして超えたかについては、明確な設問さえなされていないのだ。心の「身体化」は、決して心をおとしめるものではなく、身体が心ほどの無限の可能性を宿すことができることを示すものであろう。また脳が超（スーパー）システムとして機械を超えるところから、意味とか価値といった工学的生産以上のものが生まれてくると考えることもできるだろう。

　こうした観点に立てば、心もまた進化し続ける身体現象であるし、それが達成しようとしている文化現象も生命活動として眺めることができるはずである。実際私は、この本の第六章で、超（スーパー）システムとしてのゲノムの成立過程と言語の生成に共通のルールが働いているらしいことを示した（「言語の遺伝子または遺伝子の言語」）。ここでもうひとつの例として、人間の生命活動として必然的に作り出される「都市」の成立と発展過程を眺めてみたい。

超（スーパー）システムとしての都市

　一般論として、都市は人間が社会を形成し、文化や経済活動を営むようになって、その中心となる地域機構として成立すると考えられている。しかし多くの都市には、都市成立以前に核として存在した集合住居跡があったことが発見されている。大もとまでは遡ることができないにせよ、ヨーロッパ最古の都市遺構、フォロ・ロマーノにも、紀元前八世紀のエトルリア人の住居跡が残されているし、ルネサンスに発展したフィレンツェもまた、エトルリア人の居住核にその起源を持つといわれる。ローマ人はこの核を包摂するように都市を作っていった。スペインのバルセロナも、紀元前六世紀にフェニキアと対峙していたギリシャ人の砦に端を発し、その周辺に植民都市として拡大していった。

その原形は想像の域を出ないが、いずれもほとんど同質の住居が数を増やしていったという原初の過程があったに相違ない。住居の数は、人口が増えるにしたがって増加してゆくが、この段階では分業も階層構造もなかったはずである。すなわち都市の原初の姿は、未分化住居の集合体であった。

しかし住居が増殖するにつれて、きわめて短期間のうちに必然的な分業が起こり、それを組織化する階層構造が生まれてくる。住居間には流通可能な道路や水路がひかれ、時には異なった階層や職分をへだてる区分や住み分けが行われるようになっただろう。ある種の接着分子に相当するものが生まれたのだ。集落が、同じようなユニットである外敵と対峙するようになれば、集落には外壁としての膜が作られ、集落自体がひとつの機能構造体として振舞うようになる。それは近年発掘が盛んな縄文住居跡にも明瞭に見てとれる。ユニットとしての機能構造体は、時には互いに破壊し合い、融合し合いながらより高次の構成へと進むのではないだろうか。さらに、新しい生産物や文化機能が生み出されることによって、多様な機能が統合された都市へと発展してゆく。

陣内秀信氏の『都市を読む＊イタリア』（法政大学出版局、一九八八年）にはローマ時代のフィレンツェの都市形成過程の模式図が復元されているが、軍事基地としての集落から、すでに形成されていた農業用地に向かってローマ式の都市プランに従いながら、植民都市として発展してゆくダイナミックな過程が見てとれる。それはたとえば、すでにあった軟骨組織の中に骨という新しい組織が生後形成されてゆく姿ときわめてよく似ている。新しい組織分化が起こってゆくのである。

バルセロナの場合は、ギリシャ植民の住居をもとにして、カルタゴ、ローマ、西ゴート、イスラムなどの支配下に、複雑な旧市街地が千五百年もかけて段階的に成立してゆく。この過程で旧市街を囲む市壁が完成する。石川義久氏の『バルセロナ紀行』(SERIES 地図を読む3、批評社、一九九二年)によれば、旧市街の大きさは三平方キロメートルだそうで、そこに二十万人もの人々が住んでいたという。ゴチック様式のカテドラル、王宮、市庁舎などの中枢的な建築やそれに付随した広場などが中心部分に形成され、政治や宗教、それを取りまく市民層という組織分化が明確に現れる。また中心部分は、シウダ通りという街路を介して、バルセロナの物質代謝の入り口である港と直接につながっている。

こうした解剖学的構造の上でバルセロナは十六世紀まで、原始的な外壁に囲まれた超過密都市として、さまざまな可能性を作り出し内包しながら発達してきた。この間のさまざまな歴史的事件にふれているひまはないが、カタルーニャの地中海世界の制覇と没落という試練を、適応的に生き抜いてきたのである。

一八五四年になって、バルセロナという都市の発達にとって決定的な大事件が起こる。バルセロナ旧市街を取りまく市壁の取り壊しが決定されるのである。バルセロナという過度に発達した胚は、周囲を取りまいていた卵膜を破り、新しい近代都市へと孵化しようとしたのである。市壁撤去を起こさせた原因は、十八世紀末にブルジョアジーとして勃興したカタルーニャ商人による産業の飛躍的振興という、新しいエネルギー代謝の結果変化した都市環境であった。市壁の取り壊しには十年余を要したが、千五百年もの間、細胞の増殖と分化を重ねてきた卵はこうして孵化した。そこから新しい生態を持つ近代都市としてのバルセロナの発展が起こったのだ。

現在私たちがバルセロナでみることができるのは、旧市街を中心に縦横に発展したダイナミックな近代都市である。十九世紀にセルダという人の都市計画によって、まず旧市街を取りまく約十倍の面積が、東西、南北に走る街路で格子状に区切られた街区（グリッド・パターン）へと変貌した。ひとつの街区は百三十三メートル四方の正方形で、中央には公園などの公共用地を持ち、それを囲むように住居などの建造物が作られた。それが整然と碁盤目状に並んでいるのをみると、私ならずとも「細胞」の集合を思い浮かべるだろう。

しかし、バルセロナが細胞の単なる集合体でないことは、この街をゆっくり歩いてみればわかる。街路樹のある街区が続くと、やがて数ブロックを使った都市公園や広場に出合うし、カタルーニャ音楽堂やサン・パウ病院のような特徴ある様式で統一された機能区分も配置されている。これまた数ブロックを占める市場（メルカードボケリア）やガウディがデザインしたサグラダ・ファミリア教会もすぐそこにある。密集した商店街、人通りの少ない職人街、ガウディのデザインした高級住宅の集合など、この街がまぎれもなく生物学的に発展していったことが実感されるだろう。

もうひとつこの都市で注目されるのは、単に正方形の細胞群として街区が碁盤目状に連なっているだけではなくて、そこには大胆な斜めの街路が走っていて、計画された都市の単調さを破っていることである。斜めに走るディアゴナル通り、メリディアナ通りなどは、バルセロナの異なった性格の街区群を区別し、また連結しながら、バルセロナという都市の生理的活動を助ける。

いま大ざっぱに、バルセロナの都市構成を眺めてみたが、そこにもまた超（スーパー）システムの技法が流用されているように私は思う。まず単純なもの（住居）の複製に続くその多様化、多様化した機能をもとにした自己組織化と適応、内部および外部環境からの情報に基づく自己変革と拡大再生産等、いずれも高次の生命システムが持っている属性と共通である。ローマ、パリ、東京、ニューヨーク、いずれも同様の「技法」を使って発展してきたのではないかと私は考えている。

その上超（スーパー）システムとしての都市は、歴史の「記憶」を持っている。私たちが都市を旅してのぞきこむのは、都市の「記憶」である。この「記憶」によって都市は同一性（アイデンティティ）を保つ。

そのため、都市は最終的に「自己」というものを持つようになると思う。東京はまぎれもなく東京であるし、ニューヨークとフランクフルトの「自己」は明瞭に異なっている。都市で常に進行している建設も破壊も、創造も退廃も、都市が常に自己変革を行いながら発展するためにもともと付随していた生命活動の現れであろう。

それに対して、完全なブループリントによって計画された都市はどうであろう。ブラジリアも、イタリアのエウルも、シンガポールも、ある点ではモスクワも、都市のダイナミズムと生命を持つには至っていない。日本でも官僚的プロジェクトで成立した幕張メッセとか大阪のビジネスタウンとか、ホームレスさえ住めない無機的な街が作られるようになった。バーチャル・リアリティの都市である。それはプログラムされたシステムとしての都市だからである。

超(スーパー)システムとしての都市観は、いくつかの点で今後の都市計画の上で考慮に価するのではないかと思われる。首都機能移転というとき、目的と効果のみが先行して都市の自然発生的生理条件を無視したならば、ムッソリーニが人工的に作ったエウルのように、生命活動を持ちうるまでには長い時間がかかってしまうのではないだろうか。メッセとかビジネスタウンとか、低次の化学反応的な代謝しかない都市が十分に機能しないことはすでに経験ずみのはずである。近年の都市開発で作られた団地の集合住宅街が、都市という生命体に寄生し増殖し続ける癌のように見えることがある。それが都市の生理をこれ以上破壊しないためにも、都市の「自己」を回復することが必要なのではないだろうか。

生命活動としての文化

私はこの本で、「発生」「免疫」「ゲノム」「進化」「老化」「脳」など、現代の生命科学が対象としている生命現象について、現場での検証を行いながら、多少なりともその「意味」に属する部分に踏み込んで考える試みをしてきた。そこにはおぼろげながら、高次の生命活動に共通な「技法」のようなものが見えてきたように思うのである。その「技法」は、もっと高次な生命活動としての文化現象、たとえば「言語」や「都市」の生成においても使われていることを述べた。また、「民族」「国家」「経済」「宗教」「官僚制」、あるいは多少異なった意味で「音楽」や「舞踊」など、必然的に人間が作り出す文化現象にも適用されているのではないだろうか。

さらに二、三の身近な例をあげてみよう。

企業は、人間の生産活動を消費活動につなげる経済単位で、基本的には生命活動のひとつの現れである。「もの食う人々」がいれば、必ず「もの売る人々」がいる。

いま私企業の成立過程をみると、まず個人が出資し、生産し、販売し、利潤を蓄積してゆく。最初は不特定の一人の企業家から始まる。私企業家は、したがって全能でありながらそれ自身は何ものでもない原始的な胚のような存在といえる。それは、小企業の経営者が自分の生産した物を荷作り発送し、集金し、材料を仕入れるなどすべてをやっていることからも知られる。

ついで彼は、自分の分身として働くことができる共同経営者を作り出し、経営が拡大するにつれてすみやかに専門の仕事を分担する多様な社員を増やしてゆく。このようにして企業は会社組織を作り、それ自身で規模を拡大してゆくばかりでなく、互いに集合して、合資会社、合弁会社などの企業合同を行い、また生産や販売部門の分離や、廃統合を通じて企業組織を作り出してゆくことになる。カルテル、トラスト、コンツェルンなどを起こせば巨大な企業集中が起こり、企業グループや企業系列を作り出すことによってさらに拡大してゆく。

こうした企業の発展は、典型的な超（スーパー）システムの成立過程とみることができる。それは、単一の私企業が仲間を増やし自ら多様化することによって、まず会社機構を作り出し、内部および外部の情報に基づいて構造を変革しながら拡大発展してゆく姿にみることができる。そのためのブループリントやシナリオなどがもともと存在していたわけではない。それぞれ、ばらばらに活動している部門が、その相互作用を介してひとつのまとまりを作り上げてゆくのだ。個体発生の過程に似ているではないか。

また企業は、自己の境界を自ら決定し、他の企業や国の制度などに代表される「非自己」に対応する存在として確立してゆく。自己の侵害を含む外部からの情報は、内部情報に転換され、会社はそれに反応しつつ運営され、発展してゆく。

　企業には当面の目標はあるが、本当の目的はない。企業は、超（スーパー）システムとしてそれ自身が自己目的化している構造体なのである。ワンマン社長や辣腕経営者も、企業の個別性や機構にある程度の特徴を与えることはできるが、企業の内部構造や社会的役割を全面的に変更することは不可能である。企業は、経済界といういわば生態系の中で生存競争を繰り返し、環境に適応し、進化しながら共生の道を探る。企業は、人事やリストラなどの自己適応に失敗すれば、部分的な破壊を免れないし、外部からの情報の処理を誤れば、巨大な損失で崩壊することさえあり得る。最近の金融機関でのスキャンダルは、基本的には超（スーパー）システムにおける情報処理の欠陥の現れとみることができるだろう。

　企業が、その成立過程で超（スーパー）システムの原理を利用しているからには、その維持や発展、さらには崩壊に至るまで、超（スーパー）システムの論理に依存しないはずはないと私は思う。

　同じようにして、大学という組織を眺めてみよう。大学も、もともとは超（スーパー）システムとして成立したものと、私は考えている。中世の王や貴族の私塾としてスタートした単純な勉学機関が、教授や生徒が知的共有物の権益を守るためにギルド化したのが大学の初めと言われている。その大もとは、たとえばナポリにおけるフェデリコ二世（フリードリッヒ二世）とアラビアから招いた世事万般に通じた万能の教師といった最も単純な関係に始まり、王の子弟が多数参加して教師が増えてゆくことによって塾としての形をとるようになり、さらに教授が増え教科が拡大して複合した学校の形態をとるようになる。知的需要の拡大に伴い、哲学、神学、医学、数学、法学、政治学などの専門分野が、ギルドとしての権益を持つ学部を形成するようになるが、職業学校とは違って、常に世事万般（ユニバース）にわたる知の共同体としての大学（ユニバーシティ）という自己を持つ組織として発展してきた。つまり大学は、多様化と複雑化を進めながらも、常に全体性を保った超（スーパー）システムとして成立してきたのだ。

個々の大学は、超（スーパー）システムとしての独自性を主張し、それが大学の伝統となった。オックスフォード、ケンブリッジ、ソルボンヌ、ハーバード、イエールなどの名門大学は、明らかに大学の「自己」というものを持っている。大学の自治が保障されるべき理由は、それが特定の目的のために組み立てられたシステムではなくて、自ら「自己」を作り出した超（スーパー）システムであるからである。

この事情は、日本ではいささか異なっていた。一八八六年に設立された帝国大学は、工部大学校や司法省法学校（東京法学校）、東京医学校などの異なった要素を、国家主義的目的のもとに統合して設立されたものである。それは初めから、「国家の須要（しゅよう）」に応ずる学問を講ずるという、目的指向型の、システムとしての大学であった。同様な目的で各地におかれた帝国大学六校も事情は同じで、これらを頂点とした高等教育制度が現在に至るまで続いているのである。

しかし、第二次世界大戦をはさんで、それぞれの大学が時代の圧力にもかかわらず、独自の学風を育み、特徴ある機構拡充を行ってきた。その時々での、大学人の絶えざる努力によって、日本の大学はヨーロッパの大学に範を仰いだ独自性を再生産し、大学の自治を達成してきたようにみえる。

しかし恐るべきことに、戦後次々に設置された国立大学の多くが、東京大学を頂点とする階層構造の中に再度自らを位置づけ、個別性を失った能率的システムを作り出すことに自ら汲々とするようになってしまった。大学間格差の縮小を求めて独自性を失い、文部省の官僚的支配に甘んじている。大学改革といいながら、実際には文部省主導下に作り出された画一化の流れに乗っているばかりのように見える。

日本の大学がいつから、そしてなぜ超(スーパー)システムとしての独自性を自ら放棄していったのかは、重要な研究課題であろう。それをどのようにして回復するかを自ら問いかけない限り、大学は官僚的システム化と硬直化の道を免れることはできず、大学の創造性は失われたままになるであろう。大学は、超(スーパー)システムとしての「自己」を取り戻さなければならない。

一方、その官僚制度の方は、いま超(スーパー)システムが必然的に育む問題点を多数露呈している。

官僚制度は、もともとは専制君主のもとで強大な権力を委任されたいわば万能の行政官が、その役割を複数の人間と分担することから始まる。すでに秦の始皇帝の紀元前三世紀ごろの中国には、官僚制の基礎が整備されていたといわれる。それが十九世紀の清帝国に至るまで維持拡大されてきたのだから、中国の官僚制の成立と発展過程は、超（スーパー）システムの成立と崩壊を見るための格好のモデルになると思う。

官僚制度の成立過程においても、国家に必要な行政機構が次々に分業化され、多様化した各機構内での階層構造が成立すると、与えられた機能を統合的能率的に行うための組織化が進展する。各機構や要素が、お互いの関係を作り出してゆくのだ。ここでも初めからブループリントや法則があるわけではない。ことに末端の官僚自身には、どれほどの決定権があるだろうか。

マックス・ウエーバーは、西欧近世の官僚制度の基礎として、行政組織内の要素である官僚が、キリスト教的禁欲と自己規制をもとに個別的能力を発揮することによって、官僚組織自体の目的と一体化することができると述べている。これもまた超（スーパー）システム形成のひとつの要因であろう。

しかし実際には、官僚という要素自体が目的を持つはずはないので、流れはしばしば逆の方向となる。超（スーパー）システムにおける要素は、一般に増殖と多様化を目指し、もしそれが他の要素との関係を確立できなければ、そして適応と選択による自己組織化に参加できなければ、単なる冗長化と複雑化を来すばかりとなる。このアルゴリズムによって生ずる末端機構は、適当な選択淘汰が行われない限り、増殖に伴って、いたずらに細部についての複雑な関係や規制を作り出してしまうだろう。そうなると内部の要素間での情報交換のみに終始して、外部からの情報を取り入れることなく、行為そのものが自己目的化してしまう。それが悪名高い官僚制（ビューロクラシー）の病因である。

その理由は、行政自身には市民の福祉という目的があるのに、超（スーパー）システムとして成立した官僚制そのものには目的がないからである。官僚制は必然的に自己目的化して増大してゆく。

それを阻止するためには、外部からまず官僚制を超（スーパー）システムとして観察する立場を作り、制度に内在する生理機構を再点検することによって、病理現象の要因を発見する必要があるのではなかろうか。超（スーパー）システムとしての官僚制の原型は、やはり生命体にあるのだから。

行政改革というときには、改革の対象となる要素が全体の行政機構内で、他の要素との間でいかなる生理的関係が成立していたか、内部適応のために選択が正しく行われていたかどうかを検討する必要があるであろう。多様性と冗長性は超（スーパー）システムの危機対応のための基本的な属性であるのだから、合理性だけでいたずらに切り詰めることは危険でさえある。その手の短絡的な行政改革は慎まねばならぬ。ひとつが働かなくなっても、他のひとつが少しくニュアンスをかえて対応できる冗長性を失わせてはならない。行動のレパートリーの範囲と限度をどのようにして決めるかは超（スーパー）システムの自律性の問題である。単純な合理主義で行ってはならない。

最近の宗教犯罪などをみると、超（スーパー）システムの原初の発生過程ともいえる教団成立と、誤った選択による必然的な崩壊が典型的に示されているように思われる。教団というのもまた、教祖という万能の、しかしそれ自身では何ものでもないものから始まる。教祖は、自分と同じ役割を持つ者を作るところから始まる。自己複製的技法である。十大弟子とか福音者と呼ばれる弟子たちは、比較的均一の信者集団を拡げてゆくが、その間に教義は必然的に多様化してゆく。内部の軋轢が生じ、裏切りが生じ、教団をかけての選択淘汰が起こるのはお決まりの筋書きである。教団は、社会や政治等の外部からの情報、さらに内部で新たに生産された情報をもとに変革されながら発展してゆく。

それが崩壊するのは、最近の宗教犯罪で明らかなように、情報の排除によるのではないだろうか。外部からの情報を取り入れることを阻み、自分で作り出した情報だけで動くようになった時、超（スーパー）システムは必然的に崩壊する。

そのほか民族や国家の成立なども、超（スーパー）システムの成立過程として眺めることもできるだろう。それらは多様な個人が自己組織化された「自己」を持っている集合体である。

東ヨーロッパでの民族問題や人種差別は、超（スーパー）システムにおける「自己」「非自己」関係の破綻の結果とみることはできないだろうか。たとえば、ボスニア・ヘルツェゴビナでは、サラエボという都市の「自己」が破壊されようとしたのだ。いまはこれ以上の深入りを避けるが、私にとっては興味ある対象である。

生命の技法

超（スーパー）システムのルールが生命の「技法」として、こうした文化現象に適用できるかどうかを考えるために、最後にこれまで考察してきた超（スーパー）システムのいくつかの特性をここでまとめておきたいと思う。

超（スーパー）システムという概念は、免疫系のような高次の生命活動を規定するための新造語で、その意味はまだ完結したものではない。その例として免疫系、脳神経系、個体発生などがあげられる。

「自己」と「非自己」を識別し、「自己」の身体的同一性を維持する免疫系は、多種類の細胞、それもひとつひとつの「非自己」に特異的な多様な認識分子を持つ細胞群とその遺伝子産物から構成される超（スーパー）システムのよい例である。免疫系のすべての細胞は、もともとは単一の造血幹細胞に由来する。したがって免疫系は後天的に「自己生成」してゆく超（スーパー）システムなのである。

造血幹細胞はそれ自身では自己複製以外の何の働きも持っていないが、サイトカインや接着分子などを介した外的条件に応じて分化して多様なものを作り出し（自己多様化）、それまであった自己へ適応するために、新たに作り出された多様なものを選択淘汰し、それらを「自己組織化」することによって、完結したシステムを作り出す。「自己適応」による「自己組織化」というやり方では結果的には自己充足した「閉鎖構造」ができるはずだが、免疫系は自己適応に使った受容体をそのまま外部からの情報を受け取るアンテナとして使って、システム自身を調節し改変し、さまざまの外部に対するアウトプットを作り出す（閉鎖性と開放性）。このシステムの応答は、したがって「自己言及的」である。システムの意志は、上位からの指令によるのではなくて、システム自体が「自己決定」する。

超（スーパー）システムは、したがって、通常の工学的システムと違って目的を持たない。自分を構成する要素自身を作り出し、その要素間の関係まで作り出しながら動的に発展してゆくシステムという意味で超（スーパー）システムという造語ができた。

私は同じ「技法」が、個体の発生の過程でも、脳神経系の発生でも、種や個体の特性を決めているゲノムの成立過程でも使われているのではないかと考えた。ゲノムという、自己完結しながら流動しているシステムを巻き込んだところから、当然ゲノムの「進化」の過程にも適用されることになったし、最も進化した超（スーパー）システムとしての脳にも言及することにもなった。脳を超（スーパー）システムとみることによって、身体器官としての脳の研究から、意味とか価値といった、現象を超えたものを理解する入り口ができるのではないかと考えた。

なぜ超（スーパー）システムなどというこなれない造語を使ったかといえば、現在の私には生命の

「技法」が、基本的には工学的機械のそれを超えているという基本的認識があるからである。いうまでもなく、人間の生命活動、思考や意志にいたるまでが、細胞内での分子や遺伝子の機械的な働きをもとにして作り出されていることを疑うものではない。そして実際に細胞を扱って研究している者として、細胞がいかに精緻な分子機械として機能しているかは身をもって知っているつもりである。

その分子と分子の間の相互作用がひとつひとつ明るみに出されているとき、あえて「超（スーパー）システム」などという造語を作る必要があったのだろうか。

しかし、いまどんなに生命の分子機械としての側面が解明されたからといって、その上の階層として成立している細胞そのもの、さらには人間のような高次の生命の「技法」を理解したことにはならない。生命現象の機械的シミュレーションなどはまだ玩具の域を出ないし、人工生命などはほとんど論外である。コンピューターはイルカの心さえ実現できないという指摘もある。

従来生命の特性として捉えられてきた「自己複製」とか「物質代謝」ということだったら、複製する機械も代謝する工場も作ることができるだろう。しかし、「発生」する機械も、プログラム自身を自律的に「進化」させるプログラムを持つコンピューターも存在しない。生命の「技法」は、こんなところでさえも工学的機械を超えているのだ。

現代の科学は、その還元主義的解析能力を結集して、生命の機械的側面をめざましい勢いで解明しつつある。その結果明らかになるのは、当然ながら機械的側面に限られる。機械を超えた部分については、もともとの設問にはないのだから見えてくるはずがない。

「超（スーパー）システム」という概念は、逆に設問そのものをたて直して、システムを超える生命の「技法」について考えてみようという試みであった。システムを超えるとはどういうことなのか、そこに内在するルールを考え、超えるための「技法」を解析の対象にすることはできないのかというのが私の意図であった。

生物学にとってはいささか異端的な試みだったのかも知れないが、それもひとつの「全体」をみようとする歩みであった。

参考文献

第一章

1 浅島誠「動物の形づくりの謎を追って——オーガナイザー研究の新たな夜明け」『科学』六十五巻一号　二六頁　一九九五年
2 野地澄晴「形態形成遺伝子群の反復作用と重複——肢の発生と進化のメカニズム」『細胞工学』十四巻　一四二五頁　一九九五年
3 G. Halder, P. Callaerts, W. J. Gehring: Induction of ectopic eyes by targeted expression of the *eyeless* gene in *Drosophila*, *Science*, 267:1788, 1995
4 柳澤桂子『卵が私になるまで——発生の物語』新潮選書　一九九三年

第二章

1 松原謙一、中村桂子『生命のストラテジー』岩波書店　一九九〇年
2 R・ドーキンス『利己的な遺伝子』（日高敏隆他訳）紀伊國屋書店　一九九一年
3 大野乾『生命の誕生と進化』東京大学出版会　一九八八年
4 大野乾『大いなる仮説——DNAからのメッセージ』羊土社　一九九一年
5 F・クリック『DNAに魂はあるか——驚異の仮説』（中原英臣訳）講談社　一九九五年

第三章

1　トゥキュディデス『戦史』（世界の名著5　久保正彰訳）中央公論社　一九八〇年
2　J・リュフィエ、J－C・スールニア『ペストからエイズまで――人間史における疫病』（仲澤紀雄訳）国文社　一九八八年
3　D・デフォー『ロンドン・ペストの恐怖』（栗本慎一郎訳・解説）小学館　一九九四年
4　小島荘明（編）『NEW寄生虫病学』南江堂　一九九三年
5　江口源一『ドロさま小伝』私家版　一九九三年

第四章

1　田沼靖一『アポトーシス――細胞の生と死』東京大学出版会　一九九四年
2　勝木元也、長田重一（編）『生命体システムにおけるアポトーシス』講談社　一九九五年
3　西田宏記『すべては卵から始まる』岩波書店　一九九五年

第五章

1　川上正澄『男の脳と女の脳』紀伊國屋書店　一九八二年
2　W・ヴィックラー、U・ザイプト『男と女――性の進化史』（日高敏隆監修　福井康雄、中嶋康裕訳）産業図書　一九八六年
3　日本比較内分泌学会（編）『ホルモンの生物科学4　ホルモンと生殖（I）　性と生殖リズム』学会出版センター　一九七八年

第六章
1 長谷川政美『DNAからみた人類の起原と進化——分子人類学序説（増補版）』海鳴社　一九八九年
2 R・リーキー『ヒトはいつから人間になったか』（馬場悠男訳）草思社　一九九六年
3 S・ピンカー『言語を生みだす本能（上・下）』（椋田直子訳）日本放送出版協会　一九九五年
4 J-J・ルソー『言語起源論——旋律および音楽的模倣を論ず』（小林善彦訳）現代思潮社　一九七六年
5 R. A. Foley: The silence of the past, *Nature*, 353:114, 1991
6 W. Noble & I. Davidson: The Evolutionary Emergence of Modern Human Behaviour: Language and its Archaeology, *Man*, 26:223, 1991
7 R・ポラック『DNAとの対話——遺伝子たちが明かす人間社会の本質』（中村桂子、中村友子訳）早川書房　一九九五年
8 L&F・カヴァーリ＝スフォルツァ『わたしは誰、どこから来たの——進化にみるヒトの「違い」の物語』（千種堅訳）三田出版会　一九九五年

第七章
1 多田富雄『免疫の意味論』青土社　一九九三年
2 谷口克『免疫の不思議』岩波書店　一九九五年
3 笹月健彦（編）『MHC・ペプチドと疾患』羊土社　一九九五年

第八章

1　杤尾武（校注）『玉造小町子壮衰書——小野小町物語』岩波文庫　一九九四年
2　鈴木孯之『老化の原点をさぐる』裳華房　一九八八年
3　土居洋文『老化——DNAのたくらみ』岩波書店　一九九一年
4　井出利憲『ヒト細胞の老化と不死化』羊土社　一九九四年

第九章

1　大江健三郎『あいまいな日本の私』岩波新書　一九九五年
2　中村桂子『自己創出する生命——普遍と個の物語』哲学書房　一九九三年
3　平野俊夫（編）『免疫のしくみと疾患』羊土社　一九九三年
4　小安重夫『T細胞のイムノバイオロジー』羊土社　一九九三年
5　宮園浩平『細胞増殖因子のバイオロジー』羊土社　一九九二年

第十章

1　R・ウィルヒョウ『生理的及病理的組織学を基礎とする細胞病理学』（吉田富三訳）南山堂　一九五七年
2　M・バーネット『バーネット免疫細胞学』（水野伝一他訳）東京大学出版会　一九七二年
3　A. Chitnis, D. Henrique, J. Lewis, D. Ish-Horowicz, C. Kintner: Primary neurogenesis in

Xenopus embryos regulated by a homologue of the *Drosophila neurogenic gene Delta*, *Nature*, 375:761, 1995

4　G・M・エーデルマン『脳から心へ――心の進化の生物学』（金子隆芳訳）新曜社　一九九五年

5　陣内秀信『都市を読む＊イタリア』法政大学出版局　一九八八年

6　石川義久『バルセロナ紀行』批評社　一九九二年

7　T. Tada: The immune system as a supersystem, *Annual Review of Immunology*, 15:1, 1997

あとがき

ここに集めた十章は、雑誌『新潮』に一九九五年〜一九九六年に連載した「生命の意味論」に多少手を加えたものである。生命現象の「意味」などと、大それた言い方で気恥ずかしいが、生命科学研究の現場からの、翻訳可能な限りでのメッセージとして受け取っていただけたならばありがたい。

科学者という職業柄、どうしても事実のディテールに踏み込むことが必要となり、さらにそこには日本語訳のない科学の「術語」という壁が立ちはだかっているため、一般の方には分かりにくい部分があることを認めざるを得ない。科学の進歩と日常の言葉の間に大きなすき間があることを改めて感じるとともに、努力して読んで下さった読者にお礼を申し上げたい。標準訳のない略語や英文の術語は、とりあえず我流で翻訳した。

巻末には参考文献を示したが、やむを得ない場合を除き、できるだけ日本語で書かれた(日本語訳も含む)入手可能なものだけに限った。図表なども最も単純化されたものを用いた。

この本では、私の直接の専門ではない発生学や脳神経系の研究、さらには文化現象や社会現象にも言及している。現場の複雑さを知っておられる専門家の方には、あまりに単純化されて物足りなかったり、一方的な見方が気になるかも知れない。それも異分野からの発言としてお許しをいただきたい。私自身は、今回その異分野の研究を眺めることでどんなに刺激を受けたかわからない。

著者の専門外の部分に及ぶところでは、東京理科大学生命科学研究所の同僚をはじめ多くの方の御教示をいただいた。お仕事を引用させていただいた東京大学・浅島誠教授、徳島大学・野地澄晴教授をはじめ、研究所の同僚の諸兄にお礼を申し上げる。
また京都大学理学部動物学教室・村松繁前教授には全編にわたって目を通していただき、ていねいなコメントをいただいた。しかし、間違いや不適切な記載があったなら、それはあくまで著者の責任である。
この本をまとめるにあたっては、秘書の山口葉子さんにさんざんにお世話になった。また新潮社の水藤節子さんの辛抱強い励ましのおかげでようやく最終稿がまとまった。深くお礼を申し上げる。

一九九七年梅のたよりの日、本郷にて

多田富雄

解説　多田富雄さんと私

養老孟司

多田富雄さんと私は、東大医学部である時期同僚だった。赤門の突き当りに医学部本館という昭和十二年に竣工した私と同年の建物があって、その右翼に私が勤務した解剖学教室と病理学教室があり、左翼に多田さんのいる免疫学教室と法医学教室があった。当時私は若輩で、多田さんが偉い人だという風評だけを聞いていた。私は免疫学など、まったく知らなかったのである。

同じ建物にいるので、その後なんとなく言葉をかわすようになり、次第に多田さんの人となりを少し理解できるようになった。なにしろ多田さんが赴任した当時の免疫学教室は血清学教室という名称で、それを免疫学に変えるのに、数年かかると多田さんがぼやいていた記憶がある。

前任の教授は緒方富雄先生でなにしろ緒方洪庵の子孫という人だから、当時の意味で偉い人だった。今私の主治医をしてくれている中川恵一医師は東京の下町出身で、東大には薩長が残ってますから、という。たしかに明治維新時の価値観が冷凍保存されているようなところがないわけではなかった。

それよりなにより、設備が古臭くて、多田さんがやっていたような研究が日常的にはできないというのが、多田さんの具体的な苦労の種だったと思う。私が直接に多田さんから聞いたのは、アイソトープ関連の仕事がまったくできないということで、たしかにそのためには別な建物に行かなければならなかった。

多田さんを研究者として招聘するなら、本人が自分の仕事をすることができるようにするのが当然だが、招聘した時の医学部長は私の恩師中井準之助先生だったから、なんとなく話を聞いた覚えがある。多田さんの研究のための設備費を捻出する余裕なんかまったくない、ということだった。それどころか、新しく教授を招聘する時には前任の教授が強く意見を言う権利があるのが当時の慣習だった。中井学部長はその権利を徹底的に削ってしまったのである。

むろん緒方先生は怒ったはずである。既得権の侵害になるからである。こういう部分は表からは見えないから、若輩には恩師の苦労が理解できない。まして学生に理解できるはずがない。それが大学紛争を生んだのであろう。

多田さんと私は大学の外部で話をすることが多かった。当時は生物学が急速に変わっていった時代で、本書の初めの部分は発生学の紹介になっている。十九世紀以来、様々な専門分野に分解していった生物学が、分子・細胞生物学を基本として統一されていくか、という夢があった時代である。ＡＩがまだ卵かひよこの状態で、それでも原理的にはやや強い力を持ち始めていた。それがシステムという概念を流行させる背景にあったと思う。

大学の内部は別々に分かれた専門分野の集合という形だから、思えば変な話だが、たがいに学問上の話題を話し合うような機会はあまりなかった。私の記憶に残っているのは、多田さんが免疫の立場から、私が脳の立場から、中村桂子さんがゲノムという立場から、生物学について話し合う機会をある雑誌社が与えてくれたことで、まさに大学の外の方が学問は「自由」だったのである。

多田さんは当時超（スーパー）システムという表現を用いることがあったが、特に明確な定義があったわけではないと思う。免疫系、神経系、遺伝子系などを通じて、生物系として一つの大きなシステムを想定し、それぞれをその一部として理解したいという構想を考えていたのではないかと思う。東大に来て、日常的な研究作業が難しくなったので、頭で考えるしかなくなったという面もあったはずである。

まもなく多田さんは定年を迎え、東大を去った。私自身も三年ほど早めに定年にしたから、多田さんにお会いする機会もなくなってしまった。一度だけ、鎌倉市の大塔宮神社の薪能の席でたまたまご一緒したことがあっただけである。

ただ二〇〇八年の小林秀雄賞の選考には、私が選考委員の一人として参加する機会を得た。対象となった作品は『寡黙なる巨人』で、多田さんが脳梗塞で倒れた後におそらく指一本を使って、パソコンで書かれたエセー集だった。思いっきり不自由な生活を強いられていたと想像するが、そのような状態になって、毎日「生きていることを実感している」と書かれていたのが印象的であった。

本書の内容について、私は解説する資格もその意欲もない。ただ年寄りの特権として、本書を書かれた頃の多田さんについて、昔話を記しただけである。端的に言うなら、私は多田さんが人として好きだったので、本当に言いたいことはそれだけである。

（東京大学名誉教授）

KODANSHA

本書の原本は、一九九七年に新潮社より刊行されました。

なお、科学的データ、肩書等は、刊行当時のものに拠っています。また、本文の一部に、今日では差別的とされる表現がありますが、著者が故人であり、かつ差別を助長する意図はないことから、そのままとしました。

多田富雄（ただ　とみお）

1934-2010年。茨城県生まれ。東京大学名誉教授。専攻は免疫学。野口英世記念医学賞，エミール・フォン・ベーリング賞，朝日賞などを受賞。著書に『免疫の意味論』（大佛次郎賞），『独酌余滴』（日本エッセイスト・クラブ賞），『寡黙なる巨人』（小林秀雄賞），『わたしのリハビリ闘争』，『落葉隻語 ことばのかたみ』など多数。

講談社学術文庫

定価はカバーに表示してあります。

生命の意味論

多田富雄

2024年9月10日　第1刷発行

発行者　森田浩章
発行所　株式会社講談社
東京都文京区音羽 2-12-21 〒112-8001
電話　編集（03）5395-3512
販売（03）5395-5817
業務（03）5395-3615
装　幀　蟹江征治
印　刷　株式会社ＫＰＳプロダクツ
製　本　株式会社国宝社
本文データ制作　講談社デジタル製作

ISBN978-4-06-537063-6

「講談社学術文庫」の刊行に当たって

これは、学術をポケットに入れることをモットーとして生まれた文庫である。学術は少年の心を養い、成年の心を満たす。その学術がポケットにはいる形で、万人のものになることは、生涯教育をうたう現代の理想である。

こうした考え方は、学術を巨大な城のように見る世間の常識に反するかもしれない。また、一部の人たちからは、学術の権威をおとすものと非難されるかもしれない。しかし、それはいずれも学術の新しい在り方を解しないものといわざるをえない。

学術は、まず魔術への挑戦から始まった。やがて、いわゆる常識をつぎつぎに改めていった。学術の権威は、幾百年、幾千年にわたる、苦しい戦いの成果である。こうしてきずきあげられた城が、一見して近づきがたいものにうつるのは、そのためである。しかし、学術の権威を、その形の上だけで判断してはならない。その生成のあとをかえりみれば、その根は常に人々の生活の中にあった。学術が大きな力たりうるのはそのためであって、生活をはなれた学術は、どこにもない。

開かれた社会といわれる現代にとって、これはまったく自明である。生活と学術との間に、もし距離があるとすれば、何をおいてもこれを埋めねばならない。もしこの距離が形の上の迷信からきているとすれば、その迷信をうち破らねばならぬ。

学術文庫は、内外の迷信を打破し、学術のために新しい天地をひらく意図をもって生まれた。文庫という小さい形と、学術という壮大な城とが、完全に両立するためには、なおいくらかの時を必要とするであろう。しかし、学術をポケットにした社会が、人間の生活にとってより豊かな社会であることは、たしかである。そうした社会の実現のために、文庫の世界に新しいジャンルを加えることができれば幸いである。

一九七六年六月

野間省一

自然科学

1
進化とはなにか
今西錦司著（解説・小原秀雄）

正統派進化論への疑義を唱える著者は名著『生物の世界』以来、豊富な踏査探検と卓抜な理論構成とで、〝今西進化論〟を構築してきた。ここにはダーウィン進化論を凌駕する今西進化論の基底が示されている。

31
鏡の中の物理学
朝永振一郎著（解説・伊藤大介）

〝鏡のなかの世界と現実の世界との関係は……〟この身近な現象が高遠な自然法則を解くカギになる。科学と量子力学の基礎を、ノーベル賞に輝く著者が一般読者のために平易な言葉とユーモアをもって語る。

94
目に見えないもの
湯川秀樹著（解説・片山泰久）

初版以来、科学を志す多くの若者の心を捉えた名著。自然科学的なものの見方、考え方を誰にもわかる平易な言葉で語る珠玉の小品。真実を求めての終りなき旅に立った著者の研ぎ澄まされた知性が光る。 電P

195
物理講義
湯川秀樹著

ニュートンから現代素粒子論までの物理学の展開を、歴史上の天才たちの人間性にまで触れながら興味深く語った名講義の全録。また、博士自身が学生時代の勉強法を随所で語るなど、若い人々の必読の書。

320
からだの知恵
この不思議なはたらき
W・B・キャノン著／舘　鄰・舘　澄江訳（解説・舘　鄰）

生物のからだは、つねに安定した状態を保つために、さまざまな自己調節機能を備えている。本書は、これをひとつのシステムとしてとらえ、ホメオステーシスという概念をはじめて樹立した画期的な名著。

529
植物知識
牧野富太郎著（解説・伊藤　洋）

本書は、植物学の世界的権威が、スミレやユリなどの身近な花と果実二十二種に図を付して、平易に解説したもの。どの項目から読んでも植物に対する興味がわき、楽しみながら植物学の知識が得られる。

自然科学

2240
中村桂子著
生命誌とは何か
「生命科学」から「生命誌」へ。博物学と進化論、DNA、クローン技術など、人類の「生命への関心」を歴史的にたどり、生きものの多様性と共通性を包む新たな世界観を追求する。ゲノムが語る「生命の歴史」。

電P

2248
アイザック・アシモフ著／太田次郎訳
生物学の歴史
人類は「生命の謎」とどう向き合ってきたか。古代ギリシャ以来、博物学、解剖学、化学、遺伝学、進化論などの間で揺れ動き、二〇世紀にようやく科学として体系を成した生物学の歴史を、SF作家が平易に語る。

2256
広瀬立成著
相対性理論の一世紀
時間と空間の概念を一変させたアインシュタイン。「力の統一」「宇宙のしくみ」など現代物理学の起源となった研究はいかに生まれたか。科学の常識を根底から覆した天才の物理学革命が結実するまでのドラマ。

電P

2265
中谷宇吉郎著（解説・池内 了）
寺田寅彦　わが師の追想
その文明観・自然観が近年再評価される異能の物理学者に間近に接した教え子による名随筆。研究室の様子から漱石の思い出まで、大正～昭和初期の学問の場の闊達な空気と、濃密な師弟関係を細やかに描き出す。

電P

2269
村上陽一郎著
奇跡を考える　科学と宗教
科学はいかに神の代替物になったか？　奇跡の捉え方を古代以来のヨーロッパの知識の歴史にたどり、また宗教と科学それぞれの論理と言葉の違いを明らかにして、人間中心主義を問い直し、奇跡の本質に迫る試み。

2288
尾本恵市著
ヒトはいかにして生まれたか　遺伝と進化の人類学
人類は、いつ類人猿と分かれたのか。ヒトが直立二足歩行を始めた時、DNAのレベルでは何が起こっていたのか。遺伝学の成果を取り込んでやさしく語る、人類誕生の道のり。文理融合の「新しい人類学」を提唱。

電P

自然科学

2741
数学史入門
志賀浩二著（解説・上野健爾）

人類はこうして「問題」を解いてきた！　古代ギリシアから現代まで、数学が二〇〇〇年にわたって切り拓いてきた歴史の道程を、「問題」と格闘する精神の軌跡として生き生きと描く、大家による究極の歴史ガイド。

電P

2773
バラの世界
大場秀章著

冬のバラを好み、エジプトから取り寄せた皇帝ネロ。品種改良に熱中したナポレオン皇妃……。ただの「花」が国も時代も超えて、なぜ人を虜にしてしまうのか。世界の品種を眺めつつ、「バラ」の神秘を探る！

電P

2777
天球回転論　付　レティクス『第一解説』
ニコラウス・コペルニクス著／高橋憲一訳

一四〇〇年続いた知を覆した地動説。ガリレオ、ニュートンに至る科学革命はここに始まる――。地動説を初めて世に知らしめた弟子レティクスの『第一解説』の本邦初訳を収録。文字通り世界を動かした書物の核心。

電P

2778
脳の中の過程　解剖の眼
養老孟司著（解説・布施英利／中村桂子）

眼球創造計画、動物伝説、ユニコーン、ウオノメ、バカの壁……「無駄」なものこそ面白い！　生命論に科学論、自伝的エッセイや読書論も盛り込んだ、不世出の解剖学者による、生命の面白さの核心に触れる思索の精髄。

P

2813
宇宙の哲学
伊藤邦武著（解説・野村泰紀）

宇宙の歴史は無限か有限か？　時間の誕生以前には何があったのか？　ケプラー、ニュートン、カント、パースらによる探究を一望。物理学の最新成果を踏まえつつ未解決の問題に迫る、泰斗による「新しい自然哲学」。

電P